JN024795

持続的利用が可能なシーフードのリスト（column 1）

おいしく、たのしく、地球にやさしく。
「2019 Blue Seafood（ブルーシーフード）」（ウェブ版10月14日時点）より作成
＊（一社）セイラーズフォーザシーのウェブ上には、随時更新された新しい情報が掲載され
ています。（https://sailorsforthesea.jp/blueseafood）

ビンナガ *Albacore*
◉日本で獲れる
Ⓢ｜Ⓜ 宮城一本釣り

カツオ（一本釣り）*Skipjack*
◉日本で獲れる
Ⓢ 西太平洋トローリング｜Ⓜ 宮城一本釣り

キハダマグロ *Yellowfin tuna*
Ⓜ ナウル協定加盟国まき網

ニシン *Herring*
Ⓜ ノルウェー・EU・アイスランドまき網、中層トロール

カラフトシシャモ *Capelin*
Ⓜ アイスランド中層トロール

ブリ *Japanese amberjack*
◉日本で獲れる｜Ⓐ

ヒラメ 三陸・常磐産 *large-tooth flounder*
◉日本で獲れる

ヤナギムシガレイ *Willowy flounder*
◉日本で獲れる
Ⓑ 三陸・常磐産

ヒラメ・カレイ類（アラスカ産）*Alaska Sole*
Ⓢ｜Ⓜ アラスカトロールなど

マダラ *Gray cod*
Ⓢ｜Ⓜ アラスカはえ縄、釣り、底引き網など

ギンダラ（アラスカ産）*Sablefish*
Ⓢ｜Ⓜ アメリカ延縄

スケトウダラ（アラスカ産）*Alaska pollock*
◉日本で獲れる
Ⓜ アラスカ・ロシア・オホーツク海中層トロール、底引き網｜Ⓑ

パンガシウス *Pangasius*
Ⓐ

ホキ *Hoki*
Ⓜ ニュージーランド底引き網、中層トロール

メカジキ *Swordfish*
Ⓢ 突きん棒、手釣り

メロ *Patagonian toothfish*
Ⓜ 南極海延縄、底曳網

アトランティックサーモン *Atlantic salmon*
Ⓐ

カラフトマス *Pink salmon*
Ⓜ アラスカ刺し網、定置網、釣り
カナダ刺し網、釣り　ロシア刺し網、地引き網

ギンサケ *Coho salmon*

◉日本で獲れる
Ⓐ

シロサケ *Chum salmon*

Ⓜ アラスカ刺し網・曳き縄・まき網

ベニザケ *Sockeye salmon*

Ⓢ｜Ⓜ アラスカ刺網・定置網・釣り、カナダ刺網・釣り、ロシア刺網・地引網

アカディアンレッドフィッシュ *Acadian redfish*

Ⓜ アメリカ底引網、カナダ底引網、中層トロール

タイセイヨウアカウオ *Rose fish*

Ⓜ アイスランド刺し網、延縄、底曳網

たらこ（スケトウダラの卵）*Alaska pollack roe*

Ⓜ アラスカ・ロシア　オホーツク海　中層トロール

いくら（シロサケの卵）*Ikura*

◉日本で獲れる
Ⓢ｜Ⓜ アラスカ刺網・曳き縄・まき網｜Ⓐ

ランプフィッシュ *Lumpfishes*

Ⓜ グリーンランド刺網、ノルウェー刺網、延縄

バナメイエビ *Whiteleg shrimp*

Ⓐ

オーストラリアタイガー *Brown tiger prawn*

Ⓜ オーストラリア底曳網

アマエビ *Pandalus eous*

Ⓢ｜Ⓜ カナダ・グリーンランド底曳網

ロブスター *Lobster*

Ⓜ カナダ・アメリカかご漁

タラバガニ（アラスカ産）*Red king crab*

Ⓢ

ズワイガニ *Snow crab*

Ⓢ｜Ⓜ カナダ・スコットランドかご漁

マガキ *Oyster*

◉日本で獲れる
Ⓢ｜Ⓐ 宮城産

ホタテ *Scallop*

◉日本で獲れる
Ⓢ｜Ⓜ 北海道けた網・垂下式

アワビ（アメリカ・韓国産）*Abalone*

Ⓢ｜Ⓐ

カナダホッキ貝 *Surf clam*

Ⓜ カナダけた網

ムール貝 *Mussel*
Ⓢ｜Ⓐ チリ産

こんぶ *Sugar kelp*
Ⓢ

ワカメ *Wakame*
Ⓢ

のり *Nori*
Ⓢ

ひじき *Hijiki*
Ⓢ

ユーグレナ（ミドリムシ）*Euglena*
◉日本で獲れる
Ⓐ

アラメ *Arame*
Ⓢ

クロレラ *Chlorella*
◉日本で獲れる
Ⓐ

ゴマサバ *Spotted mackerel*
◉日本で獲れる
Ⓑ

マアジ *Japanese jack mackerel*
◉日本で獲れる
Ⓑ 九州・山陰・北陸産

マダイ（養殖）*Red seabream, Red snapper*
◉日本で獲れる
Ⓐ 株式会社ダイニチ、株式会社内
海水産（愛媛県）

Ⓢ シーフードウォッチ *Seafood Watch Best Choices*
アメリカ、モントレーベイ水族館による、
水産物の持続的消費を促進する権威あるプ
ログラムで利用を勧める魚介類。

Ⓐ ASC 水産養殖管理協議会 *Aquaculture Stewardship Council*
環境負荷を低減し、責任ある養殖水産物の
普及に努める国際的な非営利団体として利
用を勧める魚介類。

Ⓜ MSC 海洋管理協議会 *Marine Stewardship Council*
枯渇する一方の水産資源を守る為、持続可
能な漁業の普及に取り組んでいる国際的な
非営利団体として利用を勧める魚介類。

Ⓑ ブルーシーフード資源評価 *Blue Seafood Choices*
2018 年よりブルーシーフードガイドは日
本近海の水産資源に対して、漁業の持続可
能性を測る国際的な基準をベースにした独
自の手法を用いて評価を行い、ブルーシー
フードチョイスとして利用を勧める魚介類。

◉日本の海で獲れる魚には日の丸がついています。

人の力で魚を増やす"人工海底山脈（海底マウンド）"や人工漁礁
づくり（Q28、Q29）

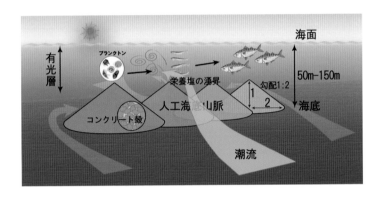

湧昇効果による海域の肥沃化で魚を増やすことを目指して技術開発された人工海底山脈（海底
マウンド）の模式図（上）と魚の集まるイメージ図（提供　上：原　香織氏、下：鈴木達雄氏）

長崎県松浦沖に設置された石炭灰ブロック（アッシュクリートブロック）。5,000個が海中に積み上げられて人工海底山脈（海底マウンド）が造られました。（提供 株式会社 人工海底山脈研究所）

人工海底山脈（海底マウンド）周辺に集まるヒラマサ（提供 株式会社 人工海底山脈研究所）

口絵3 海岸に漂着したマイクロプラスチック（column 3）

海に漂う間に紫外線や波の作用で5ミリ以下に微細化したマイクロプラスチック。海岸でふつうに見られます。（提供 神奈川県環境科学センター）

十分な漁獲量がない、サイズが小さい、形が悪い、傷があるなどの理由で利用され難かったり、まったく利用されてこなかった魚たち。実は種類も豊富！これまで未利用だったこれらの魚をミールキットや加工品、数種類を詰め合わせた鮮魚BOXとして商品化し、個人や法人向けに製造販売する試みが始まっています。（提供　株式会社ベンナーズ　https://fishlle.com/）

左；実は唐揚げにしたら超美味というハンマーヘッドシャーク
右；ちょっと曲がっているという理由で市場では売れないブリ
（提供　2枚ともに株式会社 ベンナーズ）

魚食の未来に希望を与えるクロマグロ完全養殖（Q50）

世界最初にクロマグロの完全養殖を実現した近畿大学水産研究所の生簀内：クロマグロの遊泳の様子。（提供　近畿大学水産研究所）

天然資源に頼らない クロマグロ完全養殖を実現

近畿大学における完全養殖研究の経緯

1970年（0）マグロ養殖に関する研究を開始
1974年（4）天然幼魚（ヨコワ）からの養殖に成功
1979年（9）世界初のクロマグロ人工孵化・稚魚飼育に成功
(1983年〜1993年 11年間産卵せず、仔稚魚の飼育研究が中断)
1994年（24）人工ふ化稚魚の沖出しに成功
2002年（32）世界初のクロマグロの完全養殖達成
2004年（34）完全養殖クロマグロ成魚を市場へ初出荷
2007年（37）人工ふ化第3世代（完全養殖第2世代）誕生。人工種苗として初出荷

クロマグロ完全養殖とその産業化の意義

近畿大学水産研究所では、2002年6月に世界で初めてクロマグロの完全養殖を達成しました。

完全養殖とは、養殖対象魚種の生活史のすべてを人工飼育することをいい、それまで大型のマグロ類で完全養殖に成功した例はありませんでした。

さらに、2004年9月には、完全養殖によって生産したクロマグロ2歳魚（体重約20kg）を初めて市場へ出荷しました。このことは、クロマグロの人工孵化技術が進歩し、産業レベルに達したことを意味します。

地中海諸国の大西洋クロマグロ養殖、日本やメキシコの太平洋クロマグロ養殖、オーストラリアのミナミマグロ養殖では、いずれも天然魚を捕獲して養殖に用いています。しかし、クロマグロ、ミナミマグロ資源は希少であるうえに、天然魚の漁獲は不安定であるため、計画的な養殖を継続するには、人工種苗を安定的に大量生産することは、需要が高まっている養殖用種苗を確保するうえで不可欠となります。ひいては、天然資源の減少防止に寄与し、国際的な食料問題に貢献することができます。

現在、完全養殖クロマグロの増産に向けて、協力企業とともに種苗生産、種苗育成事業を、近畿大学水産養殖種苗センター、株式会社アーマリン近大とともに展開しています。

クロマグロの完全養殖の図解

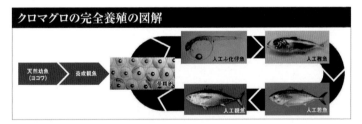

近畿大学でのクロマグロの完全養殖実現と事業化までの経緯（提供 近畿大学水産研究所）

みんなが知りたいシリーズ⑮

魚の疑問 50

髙橋正征　著

成山堂書店

はじめに

　近い将来，魚が食べられなくなるかもしれない？　といったら，皆さんの多くは"まさか！　そんなことないでしょう！"と驚かれるかもしれません。たしかに，今，直ぐに食卓から魚が消えてしまうことはありません。とは言っても，魚が手に入りにくくなるのは，そんなに遠い先ではないかもしれないのです。病気でもそうですが，手遅れになる前に，手を打っておく必要があります。

　私は 2015 年 4 月「Ocean Newsletter（オーシャン・ニュースレター）」（海洋政策研究所 発行）に"私たちはいつまで魚が食べられるか？"という記事を書きました。知人の多くは深刻には受け止めませんでした。しかし，5 年を経た現在，事情はかなり違ってきました。

　例えば，高知県室戸市の大型定置網に関係している知人は，このところ定置網で獲れる魚がめっきり少なくなり，しかもブリはサイズが小さくなって，私の指摘が気になってきたと言います。

　その昔，私たちの祖先は，身の回りの自然のものをとって食べて生活していました。狩猟採取生活です。そのため，人目につきやすい大型の動物は，狩りの対象となって急速に数を減らし，中には絶滅してしまった動物もいます。加えて，狩りだけでなく，人間の生活や生産の場所を得るため，森林を伐採して

農地や牧場，工場，宅地にして野生生物の生活の場を奪い，さらに森の中に道を造って野生動物の生活場所を分断しました。こうした活発な人間活動と人口の増加は野生生物の衰退を加速させたのです。

　しかし，海は陸とはかなり違います。今でも野生の魚を獲る漁業が健在です。これには，一つは私たちが水中で生活できないために海への人間活動の影響が少ないことと，もう一つは多くの魚の成長の早いことが考えられます。しかし，その海でも，人類が開発した様々な道具や，人間活動の影響によって，今では，漁獲の対象となる魚にかなりの影響が見られるようになってきました。

　海での野生魚の利用もそろそろ限界が見えてきた感じです。へたをすると私たちが，海の魚の利用の終焉を見届ける証人になるかもしれません。でも，一方で私たちは性懲りもなく漁獲量を増やそうと躍起になっています。

　こうした状況を改善し，これからも安心して魚を利用し続けるには，私たちは二つの大きな決断をする必要があると私は考えます。第一の決断は，野生魚を対象とした漁獲を大幅に減らすことです。しかし，漁獲を完全に止めてしまうことではありません。海の生産に見合ったレベルにまで漁獲を下げて利用を持続的にするのです。このまま漁獲を続けていると多くの魚が絶滅に近づいてしまいます。魚種によっては禁漁の必要が出てくるでしょう。

　漁獲を減らすと，魚が手に入りにくくなりますが，そうならないように第二の決断は“養殖への真剣な依存”です。つまり，

漁獲を減らした分，養殖を増やして魚の需要をまかなうのです。年々，世界的に魚の需要が伸びているので，そのためにも人の手で生産調整のできる養殖は重要です。実際，世界的には養殖が漁獲を上回っています。そんな状況なのに，ここで改めて第二の決断をするのは，私たち一人ひとりが養殖の重要性をしっかりと認識し，これまでの養殖とは違ったより持続性のある養殖のあり方を追求して，養殖方法を前向きに改善していくためです。

　世界の巨大な魚の需要と着実な増加傾向を考えると，縄文時代のような野生魚の採取，つまり漁獲での対応は限界で，農業や牧畜のように人の手で大量生産する，つまり養殖への依存を大きくしていく必要があります。こうした現状を一人でも多くの人に知ってもらうために本書を書きました。

　「Section 1」では，野生の魚の漁獲を取り上げ，その現状を整理します。特に，漁獲量が自然の生産の限界に近づいている様子を浮き彫りにします。「Section 2」では，私たちが利用している野生の魚をざっと眺めてみます。そして自然の生産の限界を理解するために，「Section 3」で海の生態系の仕組みと海での実際の生産力を考えてみます。「Section 4」では，人の力で海の生産性を高めて漁獲量を増やす方法を取り上げてみました。これは最近になって取り組まれるようになり，今後の展開が期待されています。「Section 5」では，養殖生産の現状を紹介します。養殖は天然魚と違って人の力で生産がコントロールできますから，世界的に増え続ける魚の需要を満たすには，今後は養殖生産を増やすことがポイントです。その場合，野生の

魚の稚仔を育てるのではなく，養殖に適した人工品種を工夫し，その種苗を人の手で作り出して養殖する必要があります。人工品種を家畜・家禽ならぬ「家魚」と名づけてみました。

　以上は世界の魚の生産と利用の趨勢ですが，日本での状況は必ずしも世界と同じとは言えません。

　「Section 6」では，これからの漁獲と養殖の依存の割合を中心にして，魚の利用の可能性について考えてみます。それには，自然の生産を越えて獲りすぎが明らかな漁獲は大幅に少なくし，人の手で生産調整ができる養殖生産を計画的に増やすことになります。

　将来，漁獲と養殖の双方で魚の需要に応えていく道が固まれば，"今後も，漁獲によって地球上の多様な魚の健全な生産活動が維持でき，同時に養殖によって肥大した人類社会で引き継いだ魚の利用"が可能です。

　本書が，漁獲と養殖のバランスのとれた魚の利用を進めていくための新たなきっかけになれば幸いです。

2020 年 10 月

髙橋　正征

目　次

Section 4　海の魚を増やす方法

Section 5　人々の期待を背負った魚の養殖

Section 6　これからの魚の利用の方向

Section 1

「漁獲」の意味を理解しよう!

「漁業資源」って何ですか?

1

「漁獲」の意味を理解しよう！

　「資源」はとても身近な言葉の一つですが，私たちは何となく理解している感があります。国語辞典で調べると，「自然から得られる人に役立つもの」といった意味の強いことが分かります。

　人が野生生活をしていた太古は，資源のほとんどは食料でした。野生動物の場合，彼らの資源は今でも餌がほとんどですが，人はやがて衣類をまとい，家に住み，農業を営み，現在の私たちのような生活をするようになって，実に様々な種類の資源を，使うようになったのです。

　さて，「漁業資源」は，海や湖や川などで獲れる人間にとって役に立つ水生生物で，魚，貝，エビ・カニ，ウニ，ホヤ，クジラ・イルカなどの魚介類（動物）と，ワカメ・コンブ・ノリなどの海藻類（植物）があります。大部分は私たちの食料で，生物としてのヒトが必要な資源です。漁業資源のごく一部は農業の肥料や畜産・養殖の飼料に使われます。これも言ってみれば人の食料生産のためのものですから資源です。

　漁業資源は，人口が増え，人々の活動が活発化してくるにつれて，種類や量が増えました。やがて，中には獲りすぎて資源量が少なくなったり，他のものに代わったりして，資源として利用されなくなったものもあります。また，当初は，身の回りにいる生物がほとんどでしたが，やがて船を使って陸から離れたところまで行けるようになると，沖合や深海にいる種も漁業資源としての利用が始まりました。したがって，漁業資源の中身は時代とともに変わっていきます。

　漁業資源の量は，魚介類や海藻をイメージすると分かりやす

足尾砂防堰堤（昭和５２年当時）

図 1-1　銅の精錬ガスによって木々がなくなった足尾銅山周辺の山々とその回
　　　復の様子
　　（左）1973 年の閉山 4 年後（1977 年）の周辺の山々に木々が生えていない。
　　（銅親水公園案内版を筆者撮影）
　　（右）足尾銅山の 1973 年の閉山 47 年後（2020 年）の緑でおおわれた脱硫
　　　　塔とその周辺。
　　（筆者撮影）

いと思いますが，一般に生重量（生重）で表します。その際に，
貝類は殻を含みます。あまり多くはありませんが，水分を除い
た乾燥重量（乾重）で表す場合もあり，その時は乾重の約 40％
が炭素の重量になります。貝類を除くと生重の 70 ～ 90％が水
分です。乾重や炭素量は，食物連鎖・生態系・炭素循環などを
考える際に必要です。

　石油・石炭・鉄などの地下資源は，人類の歴史のような数千
から数万年程度では増減はしません。いわゆる "非再生資源"
です。しかし，生物である漁業資源は，生産と生死によって資
源量は変動しますが，生物が所属している生態系の中でそれぞ

れの生物の量はある程度の変動の幅をもって一定している“再生資源”です。漁業資源は，増加分の一部を利用していれば，枯渇することなく半永久的に利用できると考えられています。

　漁業資源が地下資源と違うもう一つの大きな特徴は，廃棄物です。銅鉱山の選鉱処理で出た排煙・鉱毒ガス・鉱毒水による周辺環境の汚染とそれによる人を含めた生物への影響がその例です（**図 1-1**）。

　また，石油・石炭・天然ガスなどの化石燃料を燃やすと，温室効果ガスの二酸化炭素が発生して大気中に拡散し，地球温暖化が進みます。漁業資源はこうした無機物の地下資源とは違って有機物ですから，捨てられても有機物は分解されて大元の肥料と二酸化炭素に戻ります。肥料は毒にはなりませんが，限られた場所に大量に捨てられると富栄養化が起こるという問題があります。

世界の漁獲量はどのくらいですか？増えていますか？減っていますか？

世界では，毎年いったいどのくらいの量の魚が獲られているのでしょう？

世界各国の漁獲データは，国連食糧農業機関（Food and Agriculture Organization：FAO。以下，FAO）が集めて整理し，公表しています。国によってデータの採り方や精度は違いますが，共通に利用できるようにFAOが工夫しています。ただ，FAOの漁獲データには個人の釣り，漁獲されても遺棄されてしまうもの，違法漁獲は含まれませんから，実際の漁獲の最小値に近いものです。

魚介類は，海と湖や川などの内水面で漁獲されます。海は地球の表面積の約71％を占め，面積は3億610万平方キロと圧倒的な広さです。一方，内水面は，地球の表面積の1/3しかない陸地の，しかもそのごくごく一部ですから，面積は海に比べれば微々たるものです。

図2-1（上図）に示すように，世界の海の漁獲量は年ごとに増減していますが，全体の傾向は，1990年代半ばまで年々増えているのがはっきり分かります。中でも1950年から1970年の20年間に漁獲量は1,720万トンから3倍以上の5,550万トンへと増えました。これには第二次世界大戦後の世界の漁業活動の活発化と，それを支えた漁船・漁具・魚群探査などの技術的進歩が大きく効いています。そして，そこには日本の大きな貢献があります。1970年以降になると，漁獲量は一時減りましたが，その後は再びゆっくりと増え，1980年代後半からは増加が加速しています。世界の漁獲量は1950年から1996年の46年間で実に5倍という驚異的な増加を記録しま

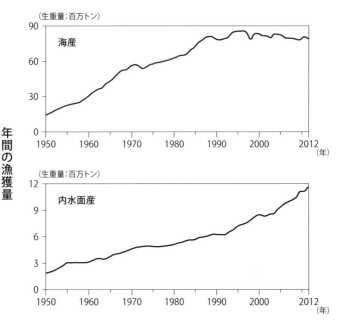

年間の漁獲量

（生重量：百万トン）

海産

（生重量：百万トン）

内水面産

図2-1　1950年から2012年までの世界の海産（上）と内水面産（下）の漁
　　　獲量の推移（FAO, 2014）

した。

　しかし，1996年の8,600万トンを記録したのを最後に，その後の漁獲は増えず，むしろ漸減し，2012年には7,971万トンへと減っています。これは海の漁獲が限界に達したことを示しています。

　一方，内水面の漁獲量（**図2-1** 下図）は，海に比べると量は多くありません。1950年の内水面の漁獲は全漁獲量の15％程度です。しかも，その後は海の漁獲が増加し，1970年頃には内水面漁獲の割合は全漁獲量の7.3％程度にまで落ちています。その後は海も内水面も漁獲量が共に同じように増えたため，全漁獲量に占める内水面漁獲の割合は1990年頃まで

7.5％程度を維持しました。しかし，その後，海の漁獲が漸減し，片や内水面の漁獲は年々増加したため，内水面漁獲の割合が高まっていきました。2012年の内水面の漁獲量は1,163万トンで，同じ年の総漁獲量9,130万トンの12.7％を占めています。海に比べて内水面の面積の少なさを考えると，単位面積当たりの生産性は内水面の方が海よりも圧倒的に高くなります。

　内水面の漁獲量は，1950年からずっと増え続けています。増加率は，1990年頃まではゆっくりですが，その後は加速し，1950～2005年を平均すると年2.93％です。ただ，内水面の漁獲量は多くなったと言っても最大は2012年の1,163万トンで，同時期の海産漁獲量7,971万トンの14.6％にすぎません。そのため，総漁獲量は海産の漁獲を強く反映しています。ただ，1990年以降の内水面の漁獲の増加が，最近の海産の減少分を補って総漁獲量の減少を緩めています。

　天然の魚介類の資源は地下資源と違って生産されて増えますから，上手に利用すれば永久に使い続けることができます（ column 2 参照）。しかし，漁獲を見ると，特に海では限界に達し，しかも銀行預金で例えれば元金に手をつけてしまった過剰漁獲の様子がうかがえ，資源量の減少の始まった感があります。

　これまで人は世界中で自然の魚介類を一方的に獲るだけで，育て・増やす努力はしてきませんでした。「漁業資源」にとっては，このことをまず，しっかりと理解しておく必要があります。

将来，魚が食べられなくなるって本当ですか？

Q2 で紹介したように，世界の漁獲量は1996年が最大で，それ以後は年々減っています。世界的に見れば，人類は魚介類を一方的に獲っているだけで，増やす努力はほとんどしていません。片や，魚介類を探して獲る技術は飛躍的に進歩しています。これでは，魚介類と人の戦いの勝負は目に見えていて，このままではやがて魚介類は獲りつくされてしまうことは火を見るよりも明らかです。そこで，世界の専門家チームが，世界中で行われている漁業活動と魚介類の資源を丹念に調べ，漁獲がいつまで可能かを実験・観察とモデルで推定し，2006年に論文にまとめて発表しました。

そこでは3種類の異なったデータが使われています。一つは，世界各地で行われた32の小規模な実験系で明らかになった生態系の各要素が生物多様性へ与える影響の結果です。二つ目は，これらの実験結果を，世界各地の沿岸や河口域の12ヶ所を選んで，そこでの有用生物30〜80種（平均48種）の生物多様性の長期変動情報を利用して検証し，先の実験結果が当てはまるかどうかを確かめました。その際に多様性の高い生態系ほど，生態系の安定性が長時間維持され，それぞれの種も絶滅しないことを見出しています。三つ目は，世界の海を生態系と地理的な違いから15万平方キロ以上の広さの64海域を選んで，1950〜2003年までの漁獲データを整理して検証しました。ちなみにこれらの海域では世界の漁獲の83％があげられています。

以上のデータを使った検討で，現在の漁業をそのまま続けて行った場合に世界の海洋生態系が持ちこたえられる時間を推定

したところ，2048 年には過去最大漁獲量の 10%以下にまで減って漁業は崩壊するという結果が得られたのです（**図 3-1**）。検討した 64 ヶ所の生態系を構成している主要な生物の種数はそれぞれ 20 種から 4,000 種まで変動していて，中でも種数の少ない生態系ほど崩壊の早いことを見出しています。

これとは別に，FAO は 1974 ～ 2017 年の世界の膨大な漁獲情報を整理して，その間の海の漁業資源の状態をまとめました（**図 3-2**）。漁獲圧（資源量に対する漁獲量の割合）が過剰なために回復措置の必要な種の割合は年々増え，最近では全魚種の 30%に及んでいることが分かります。反対に，漁獲圧がさほどでない魚種の割合は年々減り，その変化の傾向は過剰漁獲圧の魚種と対照的です。今のところ，盛んに漁獲されていても，回復力を残していると思われる魚種はほぼ半分です。漁業資源を維持または回復させようと国際的に様々な措置がとられていますが，これまでの状況を見ると，残念ながらせいぜい漁業資源の枯渇までの速度をやや遅らせる程度で，現状の傾向を大きく変えるには程遠い状態です。

しかし，養殖魚介類は人工的に生産をコントロールできますから，今のところはさほど心配はありません。また，湖や川で獲れる魚介類も，海産に比べると量は多くはありませんが，多くの海産種のような全面的な枯渇の心配はありません。

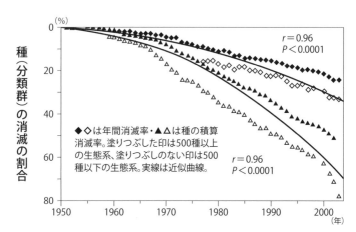

図 3-1　観察結果とモデルによる世界の主な海域での魚と無脊椎動物の種（分類群）の消滅の様子（Worm ら，2006 を一部改変）

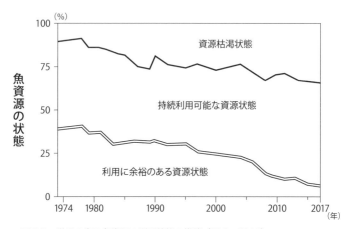

図 3-2　世界の海の魚資源の利用状態の推移（FAO, 2014）

世界で魚がよく獲れる著名な場所はどこですか？

　FAOは，世界の海を19の漁区（**図4-1**）に分け，漁区ごとに漁獲量を集計しています（**表4-1**）。

　最も漁獲量の多いのは日本列島を含んだ北西太平洋で，FAOの漁区が設定されて以来，その圧倒的な優位性は変わりません。この漁区には世界最大の黒潮が台湾と日本列島に沿って北上し，北からは日本海流が南下して三陸沖で両海流がぶつかり，海の下層にある栄養塩類が表層に湧昇して生産性が高まり，多様な魚介類が生産されています。2012年の北西太平洋の漁獲は，世界の海の全漁獲の実に27％を占めます。2位と3位には中西太平洋と南東太平洋が続き，太平洋の3漁区で，世界の漁獲の52.5％が上がっています。四番目に北東大西洋，五番目と六番目に東インド洋と西インド洋がそれぞれ登場します。

　漁区ごとの順位は，年によって若干入れ替わりますが，全体の傾向は変わりません。中で特記すべきは，ペルー沖が含まれる南東太平洋です。この海域はエルニーニョが起こると海面を温かい海水が覆うため，深い方から栄養塩類を表層に運び上げる湧昇が弱まって生産性が激減し，漁獲が大きく減少して順位が二位から三位に後退します。順位は一つずれるだけですが，元々漁獲量が大きいので，その入れ替わりは漁獲の少ない下位の順位の入れ替わりとは意味が違います。例えば，1973年には300万トン程度に落ち込みましたが，1994年には2,000万トンを記録しています。

　大洋別では，申すまでもなく太平洋の漁獲が圧倒的に多く，2012年では全漁獲量の59.2％を占め，大西洋23.9％，インド洋14.9％と続きます。地中海・黒海と北極海・南極海はそ

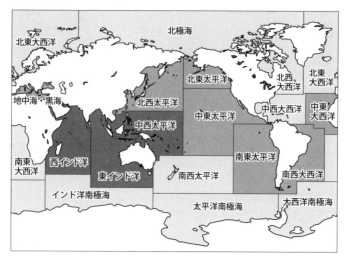

図 4-1　FAO が定めた世界の海の19漁区と漁業資源状態（FAO 資料を元に作成）
濃い灰色海域は資源に余裕があり，やや薄い灰色海域は現状の漁獲で資源維
持がほぼ可能，薄い灰色海域は資源が減少。

れぞれ 1.6％と 0.2％です。

　1970 年以降の漁獲量の変動をある程度割り切ってその特徴を示すと，比較的一定した漁獲の上がっているのは北西太平洋，北東太平洋，中東太平洋，南東太平洋，中東大西洋，南西大西洋，地中海・黒海で，漁獲が年々増えているのは西インド洋，東インド洋，中西太平洋，反対に漁獲が年々減少しているのは南西太平洋，北西大西洋，中西大西洋，北東大西洋，南東大西洋，南極海，北極海です。大西洋は漁獲量の多い北東大西洋で漁獲減少が起こっていて，海域全体として漁業資源の減少が感じられます。太平洋では，漁獲量が最大の北西太平洋はやや安定しており，2 位の中西太平洋は堅調に増加し，状況は大西洋に比べるとましといった印象です。インド洋は全海域で漁獲量が年々伸びていて漁業資源の開発・利用が進んで発展途上状態

であることがうかがわれます。

　2011，12 年に年間漁獲量が 100 万トンを超えた国は 18 ヶ
国（中国，インドネシア，米国，ペルー，ロシア，日本，イン
ド，チリ，ベトナム，ミャンマー，ノルウェー，フィリピン，
韓国，タイ，マレーシア，メキシコ，アイスランド，モロッ
コ）あり，これらの国々で海面漁獲量の 76％を占めています。
18 ヶ国の内，11 ヶ国（ロシアを含む）がアジアです。中でも
中国の漁獲量は 2012 年に年間 1,387 万トンと，世界の漁獲
量の 17.4％に達しています。

　漁獲量の多いアジアの 11 ヶ国の内，日本とタイを除いた
9 ヶ国は，過去 10 年間着実に漁獲量を増やしています。日本
は，2011 年の三陸沖大地震とそれによっておこった大津波の
影響で多数の漁船を失い，漁港などのインフラが破壊された影
響で，漁獲量が減少しました。タイは，タイ湾の乱獲と環境悪
化による漁業資源の減少と，インドネシア海域におけるタイ漁
船の操業中止による影響が大きく効いています。

表 4-1　世界の海の各漁区の年間漁獲量（FAO 資料を元に作成）

漁　　区	漁獲量（万トン）		
	2003（年）	2011	2012
北西太平洋	1,988	2,143	2,146
中西太平洋	1,083	1,161	1,208
南東太平洋	1,055	1,229	829
北東大西洋	1,027	805	810
東インド洋	533	713	740
西インド洋	443	421	452
中東大西洋	355	430	406
北東太平洋	292	295	292
北西大西洋	229	200	198
中東太平洋	177	192	194
南西大西洋	199	176	188
南東大西洋	174	126	156
中西大西洋	177	147	146
地中海・黒海	148	144	128
南西太平洋	73	58	60
北極海・南極海	14	20	18
総漁獲量（万トン）	7,967	8,261	7,971

注）2012 年度の漁獲量の多い順に表示。

日本の漁獲量は今でも世界一ですか？

　水産庁がまとめた 1960 〜 2016 年の 56 年間の日本の海と内水面（湖や河川）での漁獲量（**図 5-1**）の推移をみると，1960 年には 600 万トンだった漁獲はその後の 24 年間にわたって年々着実に増え，1984 年にはほぼ 2 倍の 1,200 万トンに達し，1989 年までの 5 年間はこの高レベルを維持しています。内水面の漁獲量は，1979 年の最大でも 13.6 万トンと海の 1.3％しかありませんから，日本の漁獲量のほとんどは海産です。

　こうした日本の漁獲量の伸びには，第二次世界大戦後はタンパク質資源として魚介類に大きな期待を寄せ，漁業を推進したことが理由として挙げられます。四面を生産性の高い海に囲ま

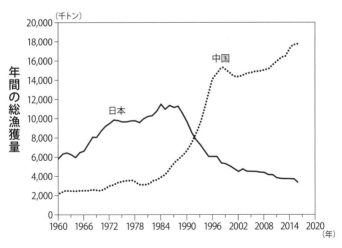

図 5-1　1960 〜 2016 年までの日本と中国の総漁獲量（海と内水面）の推移（水産庁資料を元に作成）

れた日本にとっては当然の判断で，しかも大戦中の漁業活動の停滞によって周辺の海の漁業資源は戦後にはかなり回復していました。さらに戦後の復興が，漁船や漁具の生産や開発を進め，それは漁業活動の活性化に貢献したのです。その結果，当初の漁場は日本近海だけでしたが，やがて日本の漁船は遠く外国の沿岸3〜5海里（約5〜8キロメートル）にまで入り込んで活躍していきました。当時はあまり漁業の盛んでなかった南米・アラスカ・ニュージーランド・アフリカの国々の沿岸には手つかずの漁業資源が豊富にあったのです。1970年代には北米西岸に日本や旧ソビエト連邦（以下，ソ連。現ロシア）の漁船が押しかけて魚を獲りまくる映像が米国やカナダのテレビで放映されて人々の注意を喚起したものです。

　しかし，やがて世界各国は次々と200海里経済水域（Exclusive Economic Zone：EEZ，約370キロメートル）を主張するようになり，外国漁船は沿岸域から締め出され，その結果，日本の漁獲量も1990年以降は坂道を転がり落ちるように下がっていきました。2000年には最盛期の半分以下の500万トンにまで減りました。この間の漁獲量の減少は，それ以前の増加に比べて減少速度が2倍以上だったことが分かります。その後も速度は緩くはなりましたが漁獲量の減少は止まらず，2011年には469万トン，2014年は海面が374万トン，内水面が3万トンとなったのです。これには日本列島周辺の漁業資源の減少の影響が大きく効いています。

　1972〜1991年までの20年間，日本はずっと世界一の漁獲量を誇っていました。当時，2位につけていたのは旧ソ連で

す。しかし，1984年に首位の座は中国に移りました。**図5-1**に中国の漁獲量の推移も示してあります。中国では，日本とは対照的に1980年代に入って漁獲量が急に増え始めています。中国は，日本と違って内水面の漁獲の割合の大きいのが特徴で，1990年は内水面漁獲が全漁獲量の32.8％を占めていました。その後，海面漁獲の伸びが大きくなり，内水面漁獲はそれほど増えなかったため，2013年には内水面は全漁獲量の11.7％へと減っています。

　日本の全漁獲量は中国に先を越されただけでなく，やがてほかの国々にも抜かれ，2013年の日本の世界ランキングは中国，インドネシア，ペルー，EU，米国，インド，ロシアに次ぐ8位へと後退しました。

漁法はどのように進化してきましたか？

　現在，世界中で使われている様々な漁法を見ると，その大元は「釣り」か「網」に行きつきます。最も古い漁法は，どうも釣りだったようです。その証拠の一つは，2016年に沖縄本島の南端近くの南城市サキタリ洞遺跡で発見された2万3,000年前の旧石器時代の釣り針です（**図6-1**）。これは世界最古で，ニシキウズ科の貝の底面を割り平らな部分を砥石で磨き上げて作られていて，14ミリほどの大きさです。日本各地にある縄文時代の貝塚からは，魚や獣の骨で作られた釣り針が発

0　　　　　　1cm

図6-1　世界最古の釣り針（提供　沖縄県立博物館・美術館）
ニシキウズ科の貝の底面を割って，平らな部分を砥石で磨き上げて作られている。幅は14ミリ程度。

見されていて，当時の人々は釣りによって魚を釣っていたと考えられています。網はほとんどが植物繊維で作られていたので，遺存のチャンスは極めて限られ，わずかに青森県三戸郡是川村一王寺泥炭遺跡で発見されているにすぎません。ただ，網の形を押しつけた土器は全国各地で出土し，同時に浮きや錘と思われるものも発掘されていて，当時から網漁が行われていたようです。専門家は，日本では石器時代から釣り，網，モリなどの特殊漁具が使われていたとみています。

　時代が進むにしたがって，道具を利用した漁法はそれぞれ多様に変化し，様々に発展していきました。その様子を模式的に

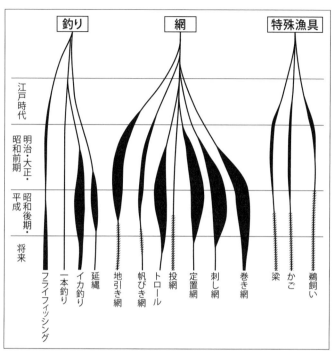

図 6-2　日本での釣り，網，特殊漁具による漁法の進化の概念図
斜線は産業としての漁法ではなく，娯楽などとしての利用。

示したのが**図 6-2** です。

　日本では江戸時代に 300 年近く鎖国が続き，その間は，外洋に出られる船の建造が禁止されましたから，沖での漁業活動は少なく，したがって漁法はもっぱら岸や沿岸部で利用するものに限られました。代表的な漁法として地引網があります。小舟で網を少し沖合まで運んでいき，あとは浜辺で多くの人の手で網を手繰り寄せて魚を獲るものです。地引網は，網の引きやすい砂浜海岸が主な漁場でした。地引網は，1960 年代まで沿岸漁業の中心の一つでしたが，漁場が外洋に展開していくにつ

れて急速に衰退していきました。

　沿岸で発展したもう一つの漁法は，定置網です。江戸時代の後半に富山湾で魚の通り道に網を仕掛ける定置網が考案され，瞬く間に東日本と西日本の各地に伝わっていきました。開発当初の網は藁縄製だったそうです。やがて網は綿糸に代わり，次いでナイロンやポリエチレンなどの化学繊維（化繊）になって現在に至っています。それに伴って作業性は格段に良くなりました。定置網は，魚を獲るための罠です。網目を大きくすることで，稚魚がかからないようにできますし，海が荒れない限り毎日見回りして漁獲しますから，ほとんどの魚は生きた状態です。現行の漁法では，最も魚にやさしいと言えます。

　沖合では，船を使って曳いて漁獲するトロール網（底引き網）があります。網の両側に袖網をつけた三角形の袋網で，長さはおよそ25メートル程度です。カレイやタラなどの底魚を大量に漁獲できます。西暦1800年代後半にヨーロッパで普及し，日本には1907年に実業家で水産学者でもあった倉場富三郎（貿易商のトーマス・グラバーの長男）が本格的に導入しました。トロール漁では漁獲対象ではない魚介類の混獲が著しく，漁獲物の90％を占めることも稀ではありません。また，海底を引きまわすと，海底環境を破壊し，生物の生息環境にも大きな影響を与えます。こうしたことから，トロール漁を許可していないところもあります。

　1935年に化繊が発明されると，細くて強いだけでなく天然繊維のように腐って劣化することがないために1950年ごろから普及が進み，定置網だけでなく，釣り糸や各種の漁網も次第

に化繊に代わっていき，それが漁業を急速に発展させました。数十キロの長さにもなる外洋での大規模な延縄や数キロの刺し網は，化繊糸ができて初めて可能になったのです。大型の巻き網もしかりです。化繊糸は，コンパクトで軽く，さらに他の材質に比べて長い間使い続けることができます。

漁具に加えて，漁船や魚群の探査技術も漁法を著しく進歩させました。中でも魚群探知機（魚探）とGPS（全地球測位システム）は画期的です。魚探は長崎県で漁船の電気工事業を営んでいた古野清孝・清賢兄弟が海底地形探査に用いられていた音響測深機を改造して世界で初めて実用化しました。1948年にイワシ魚群を探知して漁獲高を飛躍的に高め，以来，漁業には不可欠な機器として世界的に普及しています。また，GPSは，人工衛星を利用して漁船を目的の場所まで的確に誘導し，魚探の情報と合わせることで，漁獲効率を高めます。

漁師さんが自主的に禁漁にするのはどんな時ですか？効果はどのくらいありますか？

　漁業活動が行きすぎると漁業資源が激減することは今ではよく知られています。漁業活動が低下して漁業資源が回復した例として，中部・北部・西部北太平洋や北部大西洋海域が挙げられます。これらの海域では第二次世界大戦中に漁業活動が著しく落ち込んだ結果，その間に漁業資源が回復し，戦後は多くの漁業資源に恵まれました。また，漁業によって特定の水産生物の資源量が落ち込んだため，漁獲中止措置や漁師さんたちが自発的に漁獲を止めて資源回復を図った例がいくつかあります。以下にそれらの中から二つを紹介します。

　一つは秋田県のハタハタです。ハタハタは郷土料理のしょっつる鍋やハタハタ鮨の食生活に欠かせない食材で，地元の食生活に深く根を下ろしています。ハタハタは，沖合で底引き網，沿岸で定置網や刺し網で漁獲され，秋田県の漁獲は 1960 年から 13 年間連続して 1 万トン以上ありました。しかし，1975 年以降は急速に減少し，1991 年には約 70 トンにまで減りました（**図 7-1**）。深刻な漁獲の減少を受け，1992 年 1 月の漁連理事会で緊急対策が協議された結果，「全面禁漁を含め，可能な限りの対策の実施」が合意されたのです。それを受けて，漁業者に対する現地説明会，意向を把握するためのアンケート調査，漁業種類別代表者会議，漁連理事会，全県組合長会議などが連日のように開かれ，最終的に「1992 年 9 月から 3 年間の全面禁漁」を決定し，実行に移されました。その際，研究機関が提出した「中途半端な規制ではほとんど増加しないが，3 年間の全面禁漁であれば 2.1 倍に増加する。」という結果が，3 年間の禁漁期間の決定に大きく作用したようです。

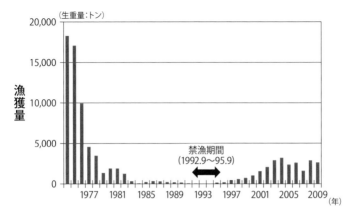

図7-1　秋田県ハタハタ漁獲量の推移（提供　杉山秀樹氏）
　漁獲量はすべて「秋田県漁業の動き」を始めとする東北農政局秋田統計情報
　事務所調べ（2001年までは属地統計，2002年以降は属人統計）。ただし，
　2009年漁獲量は東北農政局速報値（2010年4月30日公表）。

　禁漁の決定と同時に，漁連は「はたはた資源管理協定」を作
り，それを県内の全漁業協同組合が締結しました。そこには，
底引き網漁船の小型化と減船，定置網や刺し網数の削減，ハタ
ハタ産卵場保護のための操業禁止区域を設定するなどの資源管
理を遵守するための措置が盛り込まれています。さらに，漁業
者で構成する「ハタハタ資源対策協議会」では，秋田県のハタ
ハタを最大漁獲量（TAC）制度（**Q9** 参照）によって自主的に
管理するという，斬新的な資源管理型漁業を自ら決定したので
す。この制度では，TACはまず漁獲対象資源量を推定し，こ
れを基に漁獲可能量を算定し，それを沖合・沿岸に配分し，そ
れからさらに各漁業協同組合に配分することとされています。
また，漁業協同組合によっては，配分されたTACをさらに漁
業者に割り当てているところもあります。このほか，人工種苗
の大量放流や産卵藻場の造成等の取組も進めました。こうした

一連の努力が実って，秋田県のハタハタの漁獲は，解禁直後の1995年に143トン，その後はTACによる自主的な資源管理によって，2000年に1,000トンを超え，2013年は1,509トンに達しました（**図7-1**）。

　秋田のハタハタの資源回復の成功は，漁業者と行政が一体になって進め，それを県民がこぞって支援した成果です。

　もう一つは大西洋クロマグロです。大西洋のマグロ・カツオ・カジキ類については，1969年に保存を目的とした大西洋マグロ類保存国際委員会（International Commission for the Conservation of Atlantic Tunas：ICCAT）がつくられ，資源量を推定して漁獲量の国別割り当てを出すようになりました。中でも，大西洋クロマグロは日本の寿司ブームの影響で高級魚としての人気が高まり，1980年以降は漁獲量が増え，2008年には年間6万トン以上の漁獲がありました。マグロの漁獲割り当てを行ったのですが徹底がなかなか進まず，資源量は減り続けました。そこで2010年に年間漁獲量を1万トンに制限し，30kg未満の小型魚の漁獲の原則禁止と禁漁期間を設け，さらに漁獲から流通に至るルートの情報の収集・管理を徹底する漁獲証明制度を導入したのです。その結果，やっと漁獲制限が功を奏し，2014年には資源回復が確認されるまでになり

表7-1　大西洋クロマグロの漁獲枠の推移（ICCAT, 2017）

年	総漁獲枠（トン）
2014	13,400
2015	16,412
2016	19,296
2017	23,655
2018	28,200
2019	32,240
2020	36,000

ました。2017年に公表された大西洋クロマグロの総漁獲枠が年々上がっていく様子（**表7-1**）から，資源の回復がうかがわれます。

漁業権っていったい何ですか？

　海に潜ってサザエが見つかったからと，喜んで2,3個失敬すると，法律を犯したことになってしまいます。正確には，漁業法の第1種共同漁業権，いわゆる「漁業権」の侵害となり，20万円以下の罰金が科せられます。

　漁業権には，定置網の定置網漁業権，ノリ・カキ・ハマチなどを養殖する区画漁業権，特定の水産物を獲る共同漁業権の3種類があります。漁業権は都道府県知事が免許として交付し，期間は定置網漁業権が5年，区画漁業権は養殖する種によって1〜10年，共同漁業権は10年に分かれています。免許は漁業権によって個人もしくは漁業協同組合などの団体が対象です。日本では，江戸時代よりずっとさかのぼった昔から，漁村の地先は「一村専用漁場」と呼ばれ，海面を占有し，そこで獲れる魚介藻類を独占するという漁業慣習が全国的にありました。政府は，明治8年に漁場を国有化して漁民に貸しつけて税をとることを布告しましたが，400万の漁民に反対されて撤回し，漁業権を盛り込んだ漁業法を制定したといういきさつがあります。

　漁業権は「漁場で他人を排除して特定の漁業を独占的に行う行政庁から許可を受けた公の権利」で，「海は国有だから誰でも立ち入ることはできるが，漁場は国から漁業権を許可されたものの権利で，第三者が勝手に漁をすることはできない」。つまり，漁業権は魚などを獲ったり養殖する権利で，海を占有する権利ではありませんが，しばしば漁業者は第三者が海に入ることをも禁じてしまうケースが起こっています。特に，漁業権の管理が地元の漁業協同組合に任されているので，どうしても

漁業者に有利になりがちなところがあります。こうした古くからの既得権を保護する漁業権は日本固有です。

　一般の人たちが魚介類を獲る場合に問題となるのは共同漁業権です。共同漁業権は海域と対象魚介類の種が指定されます。対象種によっては禁止期間や大きさの制限があります（**図8-1，表8-1**）。共同漁業権の無いところとしては港内の一部などがあります。

図 8-1　房総半島で設定されている
共同漁業権漁場（図の斜線部分）

　日本列島の沿岸には隙間なく漁業権が設定されていて，常に漁業者によって沿岸の状態に注意が払われて監視が行き届くというメリットがあります。その結果，乱獲の防止や，栽培漁業の種苗生産や放流が安心して進められます。問題は，一般の人たちがダイビングで海に潜ったり，海で釣りをしたりする際の自由が時に制限されてしまうことです。

表 8-1　漁業資源生物に対する千葉県の規制の例（共同漁業権指定区域にも適用）

種	禁止期間	体長制限 （リリースサイズ）
イセエビ	6月1日〜7月31日	全長 13 cm 以下
ア ワ ビ	9月16日〜3月31日	殻長 12 cm 以下
トコブシ	8月16日〜3月31日	殻長 5.5cm 以下
サ ザ エ	6月1日〜6月30日	殻高 7 cm 以下
テングサ	11月1日〜3月31日	―
タイラギ	6月1日〜10月31日	殻高 18 cm 以下
ア サ リ	―	殻長 2.7cm 以下
ハマグリ	―	殻長 3 cm 以下
ミルクイ	―	殻長 9 cm 以下
クルマエビ	―	全長 13 cm 以下
ウ ナ ギ	―	全長 26 cm 以下
マルサルボウ	―	殻長 5 cm 以下
ブリ（モジャコ）	―	全長 15 cm 以下

漁獲量を規制する条約や法律はどうなっていますか？

　漁業者が少なく漁具も未発達なうちは漁業資源に対する漁業の影響はなく問題になりません。しかし，漁業が活発になり，さらに漁船・漁具が発達し探査技術が進むと漁獲圧が増し，漁業資源への影響が大きくなります。放っておくと漁業資源は少なくなり，やがては枯渇の心配が出てきますから，何らかの方法で漁獲量の規制が必要です。そのため公的な規制と漁業者の合意に基づいた漁獲量への取り組みが行われるようになったのです。これは日本だけでなく世界的です。ここでは日本の現在の公的規制を中心に紹介します（**表 9-1** にまとめました）。

　一つは，漁船の数や大きさ（トン数）と漁具・漁法を規制するもので，投入量規制（インプットコントロール）と呼ばれます。これらは漁業法と水産資源保護法（漁業許可，漁業権，漁業調整委員会指示など）や海洋生物資源の保存と管理に関する法律（漁獲努力可能量，Total Allowable Effort：TAE）で規制されます。

　二つは，漁獲の期間や漁場ならびに網目などを規制するもので，技術的規制（テクニカルコントロール）と呼ばれるものです。これには漁業法と水産資源保護法（漁業許可，漁業調整委員会指示など）が関係します。

　漁業活動がさらに活発になると，以上の二つだけでは資源管理は十分にはできません。そこで登場してきたのが魚種ごとに年間の漁獲量を制限する規制，つまりアウトプットコントロールです（**表 9-1**）。漁獲圧が高まって起こる漁業資源の減少は，漁業を行っている国々では共通していて国際的な課題として取り上げられ，国連海洋法条約で規制することになりました。国

表9-1　主要各国での漁業資源の管理の概要（水産庁資料より作成）

国　名	水産資源の管理手法					TAC 対象魚種
	投入量規制（インプットコントロール）	技術的規制（テクニカルコントロール）	漁獲量規制（アウトプットコントロール）			
			TAC（漁獲可能量）	IQ（個別割当）	ITQ（譲渡可能個別割当）	
アイスランド	●	●	●		●	27種（マダラ，タラ類，カラスガレイ，カレイ類，ニシン，大西洋サバ，エビ類など）
ノルウェー	●	●	●	●		16種（マダラ，その他のタラ類,大西洋サバ,アジ，カラスガレイ，シシャモ，ニシンなど）
イギリス	●	●	●	●	●	欧州連合（EU）38種（マダラ，その他のタラ類，大西洋サバ，ニシン，アジ類，カレイ類，クロマグロなど）
フランス	●	●	●	●		
スペイン	●	●	●	●		
アメリカ	●	●	●		●	約500系群
ニュージーランド	●	●	●		●	628系群（ホキ，イカ，アジ，バラクータ,タラ類，オレンジラフィーなど）
日　本	●	●	●	●		7種19系群
韓　国	●	●	●	●		8種（マサバ，アジ，ベニズワイガニ，ズワイガニ，タイラギ，ガザミ，スルメイカ，ハタハタ）

(http://www.jfa.maff.go.jp/j/kanri/other/pdf/data4-2.pdf)

連海洋法条約が発効すると，批准した国々に漁業資源の管理の義務が生まれます。日本は1996年に条約を批准し，海洋生物資源の保存及び管理に関する法律（漁獲可能量）と指定漁業の許可及び取締り等に関する省令をつくり，魚種ごとに最大漁獲量（Total Allowable Catch：TAC）を決めて管理することにしました。

TACは1年間に漁獲が許される種ごとの最大漁獲量です。日本では，当初，マアジ，マイワシ，サバ類（マサバ・ゴマサバ），ズワイガニ，サンマ，スケトウダラの6種が取り上げられ，その後，スルメイカが加わって7種19系群がTAC規制

されています。7種は，
    ①　漁獲量と消費量が多く日本の国民生活に密接に関係して
    漁業資源としても重要，
    ②　資源の状態が悪く TAC の緊急な設定が必要，
    ③　日本の周辺海域で外国漁船が漁獲している，
の3点のいずれかに該当し，加えて漁獲可能量を決めるための
科学的な知見がそろっているという理由で選ばれています。
TAC は日本では 1997 年 1 月から実施されました。漁獲量の
多い種が選ばれていると言っても TAC で規制される種は日本
では7種にすぎません。

　ちなみに，TAC 対象種と選定理由は国ごとに異なり，イギ
リス・フランス・スペインの欧州連合は欧州の漁業対象種のほ
とんどを含んだ 38 種，米国は連邦管理魚種のすべてで約 500
系群，ニュージーランドは地先魚種も含めて 628 系群，韓国
は日本と似ていて8種ですが対象とする漁獲法が限られている
など，国によって対応は一致していません。それぞれの国は，
毎年，種ごとに年間の漁獲量を決めて発表し，次の3つの方式
のいずれかで管理します。
    ①　オリンピック方式（TAC）
    ②　IQ（Individual Quota，個別割当）方式
    ③　ITQ（Individual Transferable Quota，譲渡可能個別割
        当）方式
　一つ目の「オリンピック方式」（**表 9-1** で TAC と表記）は，
漁業者が自由に漁獲し，TAC 制限量に達したところで漁獲終
了です。

　二つ目の「IQ（個別割当）方式」は，漁獲可能量を漁業者や漁船ごとに割り当て，それぞれの漁獲が割り当て量に達すれば漁獲は終了です。

　三つ目の「ITQ（譲渡可能個別割当）方式」は，漁獲可能量を漁業者などに割り当てるのはIQ方式と同じですが，割当量を他の漁業者に自由に譲渡や貸与できる点が違っています。

　さらに個別漁船漁獲枠制度（Individual Vesset Quota：IVQ）という漁船ごとに漁獲可能量を割り当て，移譲できるやり方もあります。IQ，ITQ，IVQは，漁業者が違反をしないように監視業務が多くなります。そのため，漁船数が22万隻と多く，水揚げ港も全国にわたる日本では管理が困難と判断し，主にオリンピック方式で管理することになりました。オーストラリア（漁船数約5,000隻），アメリカ（約3万隻），ノルウェー（約8,000隻）などの国々は主にIQ，ITQ，IVQ方式で管理しています。IQ，ITQ，IVQにすると漁業者は漁獲枠の中でより高価格の漁獲を目指すために，オリンピック方式に比べて漁業者の収益が高まります。

　オリンピック方式とIQ方式などの資源管理の違いで例にあげられるのが日本とノルウェーのサバ漁です。全体の漁獲枠だけ決まっている日本では，サバ漁船はサバの魚群に遭遇すると，サバの大きさなどは無視してとにかくできるだけ多く漁獲しようとします。その結果，漁獲物は未成熟個体を含んで品質が一定しないために付加価値が下がり，魚価は低下します。さらに，未成熟個体を漁獲してしまうと，産卵個体数が減り，それはサバの資源量の減少へとつながります。一方，漁船ごとに漁獲量

が決められているノルウェーでは，キロ当たり単価の高い3年以上の大型で脂ののったサバをねらって漁獲します。ですから漁獲物の付加価値が上がります。2016年に日本が輸入したノルウェーのサバはキロ190円でしたが，国産のサバの輸出単価はキロ85円と，ノルウェーの半分以下です。ただし，日本からの輸出物の価格はFOB価格（本船渡し価格），日本への輸入物の価格はCIF価格（保険料・運賃込み価格）なので，正味価格が同じでも輸入価格のほうが運賃・保険代分高くなりますが。また，ノルウェーは内需が限定されるので，いわば一級品の多くを輸出しているのに対し，日本ではもともと割合的に少ない大型サイズを国内食用向けとし，規格から外れるものが輸出対象になっている点は考慮が必要です。日本国内でマーケットに出回るサバは脂ののった大型のノルウェー産で，国産は人気がなく国内の食用市場で販売されることはほとんどありません。小型の国産サバのかなりの量はアフリカや東南アジアに輸出，あるいはクロマグロの養殖用の餌に使われます。

　こうしたTAC管理方式の問題に加え，日本では漁業者に多くの漁業枠を与えようとして，TACが，それを決めるもとになっている生物学的な漁獲可能量（Allowable Biological Catch：ABC）をこえている可能性が指摘されています。それは2018年のTAC魚種の半分以上で，漁獲量がTACの半分に満たないことからも推察されます（**表9-2**）。他のTAC魚種でも事情は同じです。日本ではTACが実際の漁獲以上に大きめに設定されていますが，オリンピック方式では漁業者は全体の漁獲枠を気にして，少しでも多く漁獲しようと品質を考慮する

表9-2　2018年の日本のTAC魚種の漁獲状況（水産庁資料より作成）

TAC魚種	漁獲可能量 （TAC, 単位：千トン）	漁獲量 （C, 単位：千トン）	漁獲の割合 （%, 100C/TAC）
サンマ	264	124	47
スケトウダラ	252	120	48
マアジ	217	106	49
マイワシ	800	538	67
マサバ, ゴマサバ	812	520	64
スルメイカ	97	44	45
ズワイガニ	5,290 （単位：トン）	3,806 （単位：トン）	72

（http://www.jfa.maff.go.jp/j/suisin/s_tac/）

ことなく手あたり次第に獲ってしまうのです。現行の日本のTAC規制では，水産資源の持続的利用への貢献が十分に高いとはいえず，漁業者の収入維持にもつながっていない可能性があります。

　2018年12月に70年ぶりに漁業法が改正されました。旧漁業法では主に漁業生産力を高めることに主眼が置かれ，資源管理は海洋生物資源の保存及び管理に関する法律（TAC法）に基づき行われていましたが，TAC制度も包含した改正漁業法で初めて「水産資源の持続的な利用を確保する」という文言が盛り込まれたのです。TACの対象魚種を漁獲量ベースで8割に拡大し，IQについては準備が整ったものから順次導入されます。

　TAC管理してきた資源は，TAC以外の手法で管理してきた資源に比べて漁業生産量の減少程度の小さいことが定量的に示されています。ノルウェーを始めとした漁業資源管理の重要性に気づいた先進漁業国では漁業が成長産業となっていて，日本もその仲間入りすることが期待されます。

水産エコラベルとは
何ですか？

　漁業では，過剰漁獲にならないように，**Q9**で紹介した法律などを含めた様々な規制がされていますが，最近はさらに経済的な手段を加え，より多方面から漁業を管理して資源の持続的な利用が目指されています。その代表がここで紹介する「水産エコラベル」です。

　水産エコラベルは「地球環境の保全に役立つことが客観的な基準で評価された水産物商品に対する保証」です。漁獲を直接に規制するのではなく，持続性の高い方法で獲った魚介類にエコラベルをつけて消費者の評価を受けて選んでもらって漁獲をコントロールするものです。

　チェックされる客観的基準は，漁獲と養殖で内容が少し違います。漁獲では，次の3点になります。

①　漁業者の漁業管理の状況

②　漁獲対象資源系群の状況

③　漁業が生態系に及ぼす影響

生態系への影響まで入った広い視点になっています。

　養殖の場合は，

①　養殖生産活動の社会的責任・関係法令と条約などの遵守

②　養殖対象水産動物の健康と福祉への配慮・良好な生育環境・疾病予防と治療

③　食品安全の確保・汚染の防止と衛生管理

④　環境保全への配慮・飼餌料・残餌などと種苗の管理

が求められます。これらのチェックポイントとその詳細は，FAOの水産委員会が2005年3月にガイドラインとしてまとめたものです。ガイドラインに従って非営利民間機関（スキー

ムオーナー）が認証規格（スキーム）を作り，その規格に沿っ
て別の非営利民間機関が審査をし，認証するというものです。
この認証が水産エコラベルです。審査機関は，審査委員の質を
含めてその審査能力が定期的に審査されます。

　しかし，世界各国で行われている漁業は，種・漁法・利用な
ど地域によって違うため，世界で統一して使えるものは難しく，
その結果，様々な水産エコラベルが工夫されています。現在，
世界には 140 以上の水産エコラベルがあります。それぞれの
水産エコラベルは，先にあげた FAO ガイドラインを遵守しま
すが，実際の審査内容はかなり違っています。そこで水産エコ
ラベルの国際的な利用を進めるために，オランダに本部のある
国際非営利機関の世界水産物持続可能性イニシアチブ（Global
Sustainable Seafood Initiative：GSSI）がスキームオーナーと
認証基準を厳しくチェックしています。

　GSSI が認めた水産エコラベルとしては，2020 年 1 月現在，
漁獲では，1996 年に英国ロンドンで生まれた海洋管理協議会
（Marine Stewardship Council：MSC），アイスランドの責任あ
る漁業（IRF），アラスカの責任ある漁業管理（RFM）とメキシ
コ湾岸の責任ある漁業管理（G. U. L. F. RFM），養殖魚向けには，
欧米で作られた養殖管理協議会（Aquaculture Stewardship
Council：ASC），BAP，Global　G. A. P.，アイルランド養殖
（BIMCQA），天然漁獲と養殖の両者向けには，日本で工夫され
たマリン・エコラベル・ジャパン（Marine Eco-Label Japan：
MEL），など 9 件あります（**図 10-1**）。

　水産エコラベルの特徴は，漁業や養殖の持続可能性を高める

MSC-C-51733　　ASC-C-01759

図10-1　水産エコラベルの中の MSC,ASC,MEL のロゴマーク

ための生産段階認証と，認証された製品が他の認証されていない製品とを仕分けて最終消費者まで届く仕組みを評価する流通加工段階認証（Chain of Custody：CoC，以下 CoC 認証と呼ぶ）の二つがあることです。エコラベルは，環境にやさしい製品を消費者が選べるようにする仕組みなので，持続可能な漁業や養殖で生産されるだけでなく，他の製品と混じらないで加工され，市場に流通する仕組みまで整えるのが目的です。商品につけられている水産エコラベルを見て，消費者は生産段階と流通加工段階での取り扱いを知ることができます。

　審査は，漁業や養殖業に携わっている組織は生産段階認証の，また流通加工に関係する組織は，CoC 認証の審査を直接申請し，審査を受けて基準を満たせば所定の水産エコラベルが交付され，製品にラベルをつけて流通に回せます。審査費用は申請者が支払います。エコラベル審査では，単に基準を満たしているかどうかの審査だけでなく，持続性を高めるために必要な取り扱いを申請者に教育する役割も負っています。認証の有効期限は5年間で，その間，毎年，基準を満たしているかどうかの審査があります。

　オリンピック・パラリンピックで選手村や競技場で供給され

る魚介類は水産エコラベルを取っていることが条件です。また，外国に輸出する魚介類でも水産エコラベルを要求されるケースが増えています。欧米では，水産エコラベルのついた商品が市場にかなり出回っていますが，日本国内では，未だ，水産エコラベルの普及は遅れていて，市場で水産エコラベルを目にする機会は稀です。日本では，消費者が持続性のある仕組みで生産・流通している魚介類を求めて買うような社会的気運を高める必要があります（ column 1 参照）。特に，水産エコラベルを取得して維持していくために費用がかかりますが，それを商品価格に転嫁するとエコラベルの無い商品との価格競争を勝ち抜けない現状が日本にはあります。

明太子が大好きですが，たくさん食べてもスケトウダラがいなくなることはありませんか？

　明太子はスケトウダラ（韓国では明太）の卵に唐辛子を細かく刻んで入れて塩漬けしたものです。会津藩士の子息の樋口伊都羽が朝鮮にわたり，ほとんど捨てられていた卵の商品化を考えて工夫してできたと言われています。樋口は明治40（1907）年に「明太子の元祖」という商標で釜山に樋口商店を創業して明太子を販売しました。第二次大戦後，福岡と下関で明太子の生産が始まり全国に広まっていきました。

　スケトウダラはタラ目タラ科の魚で，北太平洋とその周辺の海に広く分布していて，太平洋東岸のオレゴン沖から，アラスカ湾，ベーリング海，カムチャッカ半島両岸，オホーツク海，日本周辺では東北沖以北の太平洋と日本海に分布しています。これらの海にはそれぞれ産卵場があります。世界の漁業資源の中で，単一種としては，今や，カタクチイワシを抜いて最大の漁獲量を上げています。FAO統計によれば，スケトウダラの年間漁獲量は1986年に680万トンの最大漁獲量を記録しましたが，1990年代に入ると減少し始め，最近は300万トン程度で推移しています（**図11-1**）。日本周辺にはオホーツク海南部，日本海北部，太平洋といったスケトウダラの3系群があり，漁獲量は1990年以前は年間100万トンを超えていましたが，その後は急速に減少して1993年には40万トンを下回り，2001年以降は20万トン程度でほぼ安定しています。特にオホーツク海南部系群は資源量が大幅に減じたために禁漁になり，残り二つの系群が漁獲対象です。この内，太平洋系群は漁獲量と親魚量がおおむね一定して推移しており，また日本海北部系群の資源水準は低くはなっていますが調査船調査では良

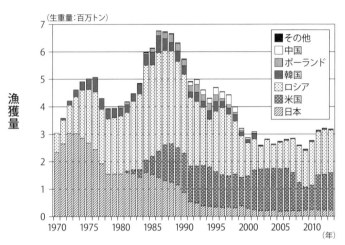

図 11-1　スケトウダラの年間の漁獲量の推移（1970 ～ 2013）（FAO 統計資料）

い加入も認められていて，資源は緩やかですが増加していると
判断されています。

　現在の明太子の消費量は年間約３万トン程度です。国内で生
産されている明太子を含むたらこは，国産 0.3 万トン，輸入
４万トンで，90％以上を輸入に頼っています。輸入先は，米
国（アラスカ）とロシアで，以前は米国からの輸入が多くを占
めていましたが，2009 年頃からはロシアからの輸入が増えて
います。これはロシア漁船の機械設備が更新され，冷凍技術が
向上したことで，米国産との品質格差の縮小したことが大きい
ようです。

　魚卵は冷凍保存性が低いために，スケトウダラは漁獲後ただ
ちに船上で採卵され，塩蔵処理されます。スケトウダラの魚肉
も死後変化が速いので，採卵後に船上で冷凍すり身に加工し，
練り製品に使われます。

　現在の明太子の一本物の高級品には国産卵が使われています

が量が少ないので，多くは輸入卵が利用されています。日本の
スケトウダラの漁獲量は少ないですが安定しており，またアラ
スカのスケトウダラは MSC 認証を取得して厳格に漁獲量が管
理されていて漁獲も安定していますから，明太子が急に市場か
ら消えてしまうことはないと思います。しかし，今後，明太子
の需要が大きく伸びていった場合には，原材料が不足して供給
が追い付かなくなる可能性はありますが，その場合は，価格の
高騰が避けられません。韓国は，スケトウダラが食生活に根強
く浸透していて，スケトウダラの人工種苗生産技術を確立し，
かつてはスケトウダラが豊富に生息していた日本海沿岸に放流
して資源量を増やす努力が進められていますから，資源の回復
が期待されます。こうした努力が実を結べば，日本近海のスケ
トウダラの資源回復も夢ではなく，自国産の明太子の生産拡大
の可能性があります。

column 1　ブルーシーフードガイド
：減少を心配せずに食べられる魚リスト

Q3 で紹介したように，海産魚は資源状態が枯渇から余裕のあるものまで様々です。米国のモントレーベイ水族館が発行する「シーフードウォッチ」は，こうした海産魚と養殖魚の現状の持続可能性を，

- ・「管理が行き届いていておすすめ」をベストチョイスとして緑
- ・「管理や漁獲方法の一部に懸念あり」を黄
- ・「環境を壊す可能性が高い」ものを赤

と，独自の判断で3色グループに分けて示しています。この情報はウェブサイトで検索できるほか，三つ折りの手のひらサイズの紙に印刷され（ポケットガイド），同時にアプリでも見られ，人々はそれを参考にして魚介類を買ったり，レストランで料理を注文したりしています。

これにならって日本では一般社団法人セイラーズフォーザシー日本支局が，持続的に利用が可能な国際認証や，独自の評価基準によって利用を勧める魚介類を選び出し，「ブルーシーフードガイド」（**カラー口絵**参照）として発表しています。ウェブ版 2020 年 9 月 28 日時点に取り上げられているのは 47 件です。**Q10** で取り上げた水産エコラベルと同じで，消費者サイドからの漁業資源の持続的な利用を進める効果が大です。日本での普及が期待されます。

「ブルーシーフードガイド」（ウェブ版 2020 年 9 月 28 日時点）

＊下線は日本周辺のみか，日本周辺でも得られるもの

認　証	対象魚介藻類
SW[1]，MSC[2]，ASC[3]	<u>イクラ（シロサケの卵）</u>
SW，MSC	<u>ビンナガ</u>，<u>カツオ</u>，<u>ヒラメ・カレイ類</u>（アラスカ産），<u>マダラ</u>，<u>ギンダラ</u>（アラスカ産），<u>ベニザケ</u>，<u>アマエビ</u>，<u>ズワイガニ</u>，<u>ホタテ</u>
SW，ASC	<u>マガキ</u>，アワビ（アメリカ・韓国），ムール貝
MSC，BSG[4]	<u>スケトウダラ</u>（アラスカ産）
MSC	キハダマグロ，ニシン，カラフトシシャモ，ホキ，メロ，カラフトマス，シロサケ，アカディアンレッドフィッシュ，タイセイヨウアカウオ，<u>タラコ（スケトウダラの卵）</u>，ランプフィッシュ，オーストラリアタイガー，ロブスター，カナダホッキガイ
ASC	<u>ブリ</u>，<u>マダイ</u>，<u>ギンザケ</u>，パンガシウス，大西洋サケ，バナメイエビ，<u>ユーグレナ（ミドリムシ）</u>，<u>クロレラ</u>
SW	メカジキ，タラバガニ，<u>コンブ</u>，<u>ワカメ</u>，<u>アラメ</u>，<u>ノリ</u>，<u>ヒジキ</u>
BSG	<u>マアジ</u>，<u>ヒラメ（三陸・常磐産）</u>，<u>ヤナギムシガレイ</u>，<u>ゴマサバ</u>

（出所　一般社団法人 セイラーズフォーザシー日本支局発行「ブルーシーフードガイド」を元に作成）
[1] 米国のモントレーベイ水族館発行「シーフードウォッチ」が利用を奨めているベストチョイス
[2] ＭＳＣ海洋管理協会の漁業認証をうけたもの
[3] ＡＳＣ水産養殖管理協会の養殖水産物認証をうけたもの
[4] 「ブルーシーフードガイド」の選定方法により推奨するもの

Section 2
天然魚について知ろう！

どんな魚が獲れていますか？

天然魚について知ろう！

　漁獲の対象は天然の魚介類です。世界的に人は天然の魚介類を育てるためにほとんど何の努力もしていません。こうした自然で生産されるものは"無主物"と呼ばれます。生物の一員である人が，食料の一部として無主物を獲って利用することは，自然な行為です。しかし，今や，ほとんどの食材は農業や牧畜といった人の手で作りだされていて，自然が生産する無主物を利用する漁獲だけが，唯一，生物としての人の本来の生き方を残しています。

　現在，私たちは多様な魚介類を漁獲しています。食用として利用している水中の動物の代表グループ（門）を**表12-1**に整理しました。クラゲなどの刺胞動物，貝やイカ・タコといった軟体動物，エビ・カニの節足動物，ウニ・ナマコの棘皮動物，ホヤ・魚などの脊索動物など，実に幅広い門の動物を利用しています。この中で最も利用の多い魚類を取り上げますと，現在，知られている約3.5万種の中で，漁獲対象になっているのは世界全体で約1,600種です。この内，FAOが718種の漁獲統計を取っています。日本で利用されているのは，1994〜2005年に築地市場に入荷した魚介類で見ると288種です。

　これらの魚介類は，人類の長い歴史を経て食用となりました。多くは内湾や沿岸，河川・湖沼で獲れるものです。日本での魚食の歴史を振り返ってみると，今から1万年以上昔の縄文時代の貝塚から魚の骨や貝殻（種）がたくさん発掘されていて，当時からすでに，海水魚，淡水魚，イルカやクジラなどの海産哺乳動物が主食の一部として食べられていたことがうかがわれます。時代が下って弥生時代になると，稲作で作られた穀物とと

表 12-1　食用魚介類の主なグループ（門）とそれぞれに含まれる代表的な種

門	代表的な食用魚介類のグループと種の例
刺胞動物 （9,795 種以上）	クラゲ類（エチゼンクラゲ，ビゼンクラゲなど）
軟体動物 （85,000 種以上）*	二枚貝類（アサリ，ハマグリ，ホタテガイ，シジミ など） 巻貝類（サザエ，バイ，トコブシ，アワビなど） 頭足類（スルメイカ，ホタルイカ，マダコなど）
節足動物 （100 万種以上）*	エビ・カニ類（クルマエビ，サクラエビ，アナジャ コ，イセエビ，タカアシガニ，ズワイガニ，ガザ ミ，ケガニなど）
棘皮動物 （7,003 種以上）*	ウニ類（バフンウニ，ムラサキウニなど） ナマコ類（マナマコなど）
脊索動物 （64,788 種以上）*	ホヤ類（マボヤ，アカボヤなど） 無顎類（116 種以上）*（ヤツメウナギなど） 魚類（31,153 種以上） 　軟骨魚類（900 種以上）*（サメなど） 　硬骨魚類（21,000 種以上）*（イワシ，サンマ， アジ，サバ，マグロ，カツオ，ブリなど） 両生類（6,515 種以上）*（アカウミガメ，スッポン など） は虫類（食用ガエル，ウシガエル，ヨーロッパトノ サマガエルなど） 哺乳類（5,487 種以上）*（ミンククジラ，イシイルカ， カマイルカ，スジイルカ，バンドウイルカなど）

* http://foj.c.u-tokyo.ac.jp/kougi/

もにアユ・コイ・サケといった川魚も食べられました。奈良時代には，アワビ・ナマコ・サザエなどの乾燥品が作られましたが，これは主に献上用で庶民の食べ物ではなかったようです。室町時代以降になって米食が定着すると，沿岸部で獲れた魚介類を富裕層が少しずつ食べるようになりました。魚介類は傷み

やすいため，カチカチに干した棒鱈や鰹節などの乾物や，ニシン漬け・くさやなどの漬物として，一部の魚介類を保存して利用したようです。しかし，1950年以前に庶民の食卓に魚介類が並ぶのは，沿岸部のそれもハレの日（冠婚葬祭や年中行事を行う特別の日）だけでした。長く保存できない魚介類は，獲れた近くで使用するしかなかったのです。ですから，日本全国では多様な魚介類が利用されていても，それぞれの地域で利用できる種は限られていました。冷蔵・冷凍技術が発達し，さらに各家庭に電気冷蔵庫が普及して，初めて生きの良い魚介類が内陸部を含めた全国の人々に食べられるようになったのです。また，栄養学が進んで，人には動物性タンパク質の摂取の必要性が言われるようになったのも魚介類の利用を後押ししました。

　このように，魚介類を食用として盛んに利用するようになったのは，魚食の国と言われる日本でさえここ100年以内で，欧米を始めとした諸外国ではそれよりさらに後になってからのことです。ですから，漁獲される魚介類の種が，現在のように多様になったのは，人類の歴史のごく最近の出来事です。

一番多く漁獲されている魚は何ですか？

Q2で取り上げたように，FAO が世界で漁獲されている 718 種の魚介類の漁獲統計を取っていて，その中の 68 種で年間 10 万トン以上の漁獲があります。魚種によって資源量は大きく違い，資源量の大きなものほど漁獲量も大きくなる傾向が見られます。2014 年の種ごとの世界の漁獲量の上位 25 種をリストにしました（**表 13-1**）。

上位 25 種のうち魚類が 22 種で，漁獲量の 92％を占めて圧倒的です。中でも，スケトウダラの漁獲量が最も多いことが分かります。ペルーカタクチイワシの漁獲量は 314 万トンで 2 位ですが，2013 年は 567 万トンの漁獲量があり世界一，2003 ～ 2012 年の平均でも 732 万 9,000 トンで世界一でした。ペルーカタクチイワシは，エルニーニョが起こると湧昇が止まり，下層からの栄養塩類が供給されなくなって激減します。スケトウダラを始め，他の種はペルーカタクチイワシのような大きな漁獲変動はありません。

ペルーカタクチイワシ，サッパ属，大西洋ニシン，カタクチイワシ，ヨーロッパビルチャート，サンマ，アキアミ，チリニシン，ニシン，ヨーロピアンスプラットの 10 種はプランクトンを食べる小型魚，マサバ，ムロアジ属，大西洋サバの 3 種は小型の肉食魚，スケトウダラ，カツオ，キハダマグロ，タチウオ，大西洋タラ，ブルーホワイティング，サワラ類，イトヨリダイ類，マダラの 9 種は肉食魚，アメリカオオアカイカとアルゼンチンマツイカのイカ類とカニ類のガザミは肉食です。

2016 年の日本で漁獲量の多い 10 種を**表 13-2** にまとめました。上位 10 種が総漁獲量の 63.5％を占めています。9 種

表 13-1　2014 年の海で漁獲量の多い上位 25 種（FAO, 2016）

順位	種　名		漁獲量
	和　名	学　名	（生重量：千トン）
1	スケトウダラ	*Theragra chalcogramma*	3,214
2	ペルーカタクチイワシ	*Engraulis ringens*	3,140
3	カ　ツ　オ	*Katsuwonus pelamis*	3,058
4	サッパ属	*Sardinella* spp.	2,326
5	マ　サ　バ	*Scomber japonicus*	1,829
6	大西洋ニシン	*Clupea harengus*	1,631
7	キハダマグロ	*Thunnus albacares*	1,466
8	ムロアジ属	*Decapterus* spp.	1,456
9	大西洋サバ	*Scomber scombrus*	1,420
10	カタクチイワシ	*Engraulis japonicus*	1,396
11	大西洋タラ	*Gadus morhua*	1,373
12	タ　チ　ウ　オ	*Trichiurus lepturus*	1,260
13	ヨーロッパピルチャード	*Sardina pilchardus*	1,207
14	アメリカオオアカイカ	*Dosidicus gigas*	1,161
15	ブルーホワイティング	*Micromesistius poutassou*	1,160
16	サ　ワ　ラ類	*Scomberomorus* spp.	919
17	アルゼンチンマツイカ	*Illex argentinus*	862
18	イトヨリダイ類	*Nemipterus* spp.	649
19	サ　ン　マ	*Colobabis saira*	628
20	ガ　ザ　ミ	*Portunus trituberculatus*	605
21	ア　キ　ア　ミ	*Acetes japonicus*	556
22	チリニシン	*Strangomera bentincki*	543
23	ヨーロピアンスプラット	*Sparttus sprattus*	494
24	ニ　シ　ン	*Clupea pallasii*	478
25	マ　ダ　ラ	*Gadus macrocephalus*	474
	25 種漁獲量		33,319
	世界総漁獲量		81,549

表 13-2　2016 年の日本で漁獲量の多い上位 10 種（水産庁, 2018）

順　位	種　　名	漁獲量（生重量：千トン）
1	サ　バ　類	50.3
2	マ　イ　ワ　シ	37.8
3	カ　ツ　オ	22.8
4	ホタテガイ	21.4
5	カタクチイワシ	17.1
6	スケトウダラ	13.4
7	マ　ア　ジ	12.5
8	サ　ン　マ	11.4
9	ブ　リ　類	10.7
10	ウルメイワシ	9.8
10 種漁獲量		207.2
総漁獲量		326.4

が魚類で，貝類のホタテガイが 4 位に入っています。ただ，ホ
タテガイは殻を含んだ量です。種名と順位は必ずしも同じでは
ありませんが，上位を占める魚類の顔ぶれは，先に紹介した世
界の漁獲量の上位種とよく似ています。

イワシが減ってサバが増えているって本当ですか？　Question 14

　図14-1 は，2000年以降のマイワシとマサバの太平洋系群の漁獲量の推移です。図を見ると，たしかに2003〜11年はマサバの漁獲量がマイワシをこえ，魚種がマイワシからマサバに交代しています。マイワシとサバ類はともにプランクトン食（サバは成長するとカタクチイワシなどの小魚も食べる）で餌を競合し，広い海域を回遊する小型浮魚です。同様のプランクトン食の小型浮魚にはカタクチイワシ，アジ，ニシン，サンマなどがいて，古くからこれらの魚種交代が知られていました。

　1905〜2005年の100年間の日本での主な小型浮魚類であるマイワシ，サバ類，カタクチイワシ，アジ類の漁獲量が図14-2 です。それぞれの種の漁獲量は数十〜数百倍と大きく変動していて，しかも大きな漁獲を上げる種が次々と交代しています。いわゆる魚種交代です。川崎（1983）はマイワシに着目し，太平洋に生息している3種（極東マイワシ，カリフォルニアマイワシ，チリマイワシ）の1900〜80年の漁獲量を1枚の図にプロットし，3種ともほぼ一致した変動を示すことを発見しました。3種は，生息海域がそれぞれ北太平洋の西部と東部，南太平洋東部と全く違っていて，漁獲圧も異なっています。それなのに同じ漁獲量変動を示す理由として，「大気・海洋・海洋生態系から構成される地球環境システムの基本構造（レジーム）の転換，つまりレジーム・シフトが起こった」結果だと説明しています。

　気温が例年に比べて変化すると，それが海水温度に影響を与え，海洋のレジーム（基本構造）がごくわずか変わります。気温は直ぐに変化しますが，海水温の変化は遅く，影響は複数年

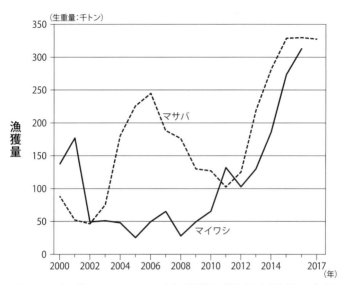

図14-1　太平洋でのマイワシとマサバの漁獲量の推移（水産庁資料から作成）

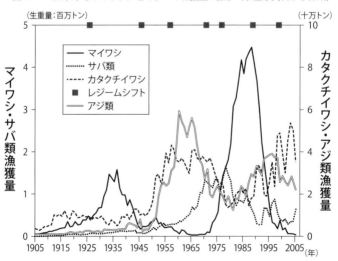

図14-2　1905-2005年の主な小型浮魚類の日本の漁獲量の推移（提供　谷津
明彦氏）

にわたって続きます。その結果，海水中では小型浮魚の餌になるプランクトン量が数倍変化し，その影響が小型浮魚のマアジでは 10 倍，マサバで 20 倍，マイワシ・カタクチイワシで数100 倍という大きな漁獲量の違いを生みます。当然，小型浮魚を餌にしているサケ・マグロ・ブリなどの大型肉食魚の漁獲量にも影響が出ますが，それは数倍程度です。レジーム・シフトという物理・化学的な環境変動はごく小さなものですが，その小さな変動を生物は極めて大きな変動へと増幅します。

　図 14-2 をよく見ると，1946/47 と 1976/77 でいずれの種も漁獲量が前後年に比べて最低か，減少の途中になっていて，これらの時点でかなり大きなレジーム・シフトが起こっていたことがうかがわれます。海洋環境の微妙な変化，つまりレジーム・シフトによって小型浮魚の資源量が減少しているので，レジーム・シフトは小型浮魚資源のリセットの仕組みと言えます。レジーム・シフト後の浮魚資源量の回復は，種によって異なり，それが魚種交代を引き起こしています。

　これまでのレジーム・シフトは主に自然現象で起こっていて，図 14-2 に示した例ではレジーム・シフトが起こる時間間隔は約 30 年です。しかし，人間活動による温暖化が進んでいくと，それによるレジーム・シフトへの影響は避けられず，発生間隔や規模への影響が予想されます。小型浮魚はもちろん，海洋生態系へのかなり大きな影響が心配されます。

　また，レジーム・シフトが起こって漁獲量が大きく落ち込んだ際に，それまでと同じ漁獲をすると漁獲圧が高まり，資源枯渇を引き起こす可能性があります。

ウナギはどのくらい
減っていますか？
なぜ減りましたか？
増やす方法はありませんか？

　私たちになじみのニホンウナギはフィリピン沖で生まれ，シラスウナギが黒潮に乗ってアジアの国々の沿岸にやって来て，河川に遡上したり，湾や河口に留まって成長し，産卵期を迎えると海に戻ってフィリピン沖まで泳いで行って産卵すると考えられています。当初は，天然ウナギを漁獲して利用していましたが，1879年に東京深川でシラスウナギからの養殖技術が開発されると，ウナギの生育に適した温暖な気候と豊富な地下水があり，周辺でシラスウナギが多く獲れた浜名湖湖西で1891年に養鰻業が始まり，以来，天然と共に養殖ウナギも利用されるようになったのです。

　天然ウナギの漁獲量は1961年に3,387トンを記録しましたが，その後は年々減少して最近では10トン以下に減っています（**図15-1**）。一方，養殖生産量は年々増え1968年には年間2万トン以上の生産を上げ，ウナギの供給は養殖がほとんどになったのです。しかし，その後，国内でのシラスウナギの漁獲量が最盛期の半分程度まで落ち込んで養殖生産量は少し伸びなやみました（**図15-1**）。1972年には，海外からのウナギの輸入が始まりました。同時にシラスウナギの輸入も開始され，養殖生産量は増え続け，1978年には4万トン近い生産量になったのです。しかし1990年を境に，養殖生産量は減少を始め，代わりに輸入量が増えていきました。これには，中国がヨーロッパウナギのシラスウナギを輸入して養殖生産を増やし，日本へ輸出し始めたことが大きく効いています。その結果，2000年に国内に供給されたウナギは16万トン近くに達しました。2000年以降，日本国内のウナギ供給量は年々減り，

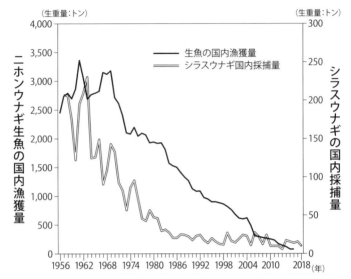

図 15-1　国内でのウナギ成魚の漁獲量と稚魚のシラスウナギの国内採捕量
（（独）水産総合研究センター　ウナギ総合プロジェクトチームの報告を元に
作成）

　2014 年には 4 万トンを割り込みました。この当時，輸入と養
殖生産はほぼ半々です。今や，ニホンウナギの漁獲量は年間数
トン，国内でのシラスウナギの捕獲量も低迷状態で，養殖用の
シラスウナギは輸入が主になっています。
　2013 年現在，世界で消費されているウナギの 7 割は中国，
1 割が日本という状態です。現在の世界のウナギ需要を支えて
いるのは，ニホンウナギの他にヨーロッパウナギとアメリカウ
ナギです。いずれもシラスウナギを獲って養殖されたものです。
これら 3 種のウナギの資源状態が**図 15-2** です。どれも大きく
減っているのが分かります。中でもヨーロッパウナギの減少が
著しく，2008 年に国際自然保護連合（IUCN）が絶滅危惧種
に指定し，2009 年 3 月からワシントン条約によって国際取引

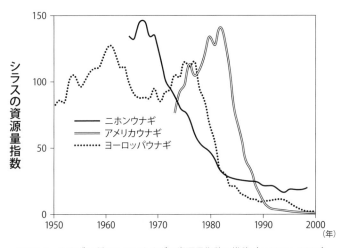

図 15-2　ウナギ 3 種のシラスウナギの資源量指数の推移（Dekker, 2004）

が規制されています。これには養殖用のシラスウナギの獲りす
ぎの影響がもっとも大きいと考えられます。アメリカウナギは
大西洋にいる種で，養殖用のシラスウナギの獲りすぎによる資
源量の激減が指摘されています。ニホンウナギは 2013 年に環
境省が絶滅危惧種に指定し，翌 2014 年に IUCN が絶滅危惧種
に指定しましたが，今のところ国際取引の禁止にまではなって
いません。

　資源量を含め，ウナギに関する情報は極めて少ないのが現状
です。例えば，**図 15-1** の日本におけるニホンウナギの漁獲量
の減少は，漁業者がかなり減っているので，漁獲量は必ずしも
資源量を表していない可能性があります。そのためウナギの大
元の資源量は減っていないと考えている研究者もいます。しか
し，ニホンウナギのシラスウナギの捕獲量の減少は事実なので，
ニホンウナギの資源量も減っているとみるのが一般的です。

　こうしたウナギ類の資源量の減少の原因として，①乱獲，②

ウナギが生息する河口一帯の汽水域や河川環境の悪化，③南方海域から大陸沿いにシラスウナギを運ぶ海流の変化の三つが指摘されています。特に最初の二つは人間活動が原因ですから，私たちの努力で解決することが可能です。専門家は，ウナギの一生と考えられる 10 年を目途に，漁獲とシラスウナギの捕獲を共に禁漁にすることを提案しています。ウナギが生活する沿岸や河川環境の改善は簡単ではありませんが，心してチャレンジすることは必要です。鹿児島県や宮崎県では，沿岸・内湾・河口域にウナギの隠れ場所を造ったり，親ウナギの放流なども行っています。

天然魚が好まれる理由は何ですか？

　天然魚は野生で海の中を自由に泳ぎ回るため贅肉が無くピチピチしていて健康で活きが良いという特徴があり，これが天然魚の好まれる理由の一つです。養殖魚に比べると，身がしまっていて，臭みもなく，皮まで美味しく食べられ，良い香りがすると日本では好評です。特に，旬の時期には脂がのって美味しさが増し，季節感ともマッチします。海洋生態系は生食食物連鎖（**Q21**）が発達していて，生態系内の生物は常に食べられる危険にさらされています。数十万の卵が孵化しても，親にまで育つのは数匹しかいないという事実が海の食物連鎖の過酷さを物語っています。つまり漁獲で獲られるものは，食物連鎖をかいくぐって生きのびてきた元気で運の良い個体なのです。

　天然産の魚介類を食べて育った人たちは敏感な嗜好を持っています。例えば，魚のタイの嗜好は育った環境でかなり違います。瀬戸内で育った人は身の柔らかいタイを，高知のような外海に面したところの人は身のしっかりしたタイを好みます。また，入江に面したところで育った人は，その入り江の魚介類を最高と感じるようになります。このように，日本では天然魚は自然に育っているとして良いイメージがもたれ，人々に好まれます。しかし，外国，特に欧米では天然魚は素性が分からないから怖くて食べられないと，素性のはっきりした養殖魚の方を評価する傾向があります。

　天然魚が好まれる第二の理由は，多様な種が利用でき，味の多様性が楽しめることです。陸上には多様な動物が生活していますが，家畜・家禽として食用になっているのはウシ・ブタ・ニワトリ・ヒツジ・ヤギ・ウマ・アヒルなどごく限られていま

表 16-1　各地のユニークな地魚とメニューの例

魚　名	料　理　法	主な産地
メヒカリ	唐揚げ, 刺身, 一夜干し, 南蛮漬け	福島, 高知
カ　ス　ベ（エイ）	煮つけ, 唐揚げ, ムニエル, バター焼き, 炙り焼き	北海道
マンボウ	刺身, 酢味噌あえ, 塩焼き	宮城, 千葉, 静岡, 三重, 高知
ウ　ツ　ボ	たたき, かば焼き, 唐揚げ, 干物	高知, 和歌山, 長崎, 千葉
ゴンズイ	味噌汁, かば焼き	千葉
ゲ　ン　ゲ	鍋, 唐揚げ, 吸い物	富山, 石川, 新潟, 鳥取, 島根
シ　イ　ラ	照り焼き, 塩焼き, 刺身	鹿児島, 宮崎, 沖縄, 高知, 静岡, 千葉

す。水中でも，養殖できる種数は大幅に限られ，将来，養殖が
進んだとしても天然産に比べて種数は大幅に少なくなることは
間違いありません。天然産の多様性の大きさは貴重です。

　最近，「地魚」と表示して地域の天然魚介類を販売するのを
目にするようになりました。都内の居酒屋のメニューや，地方
の漁村の魚販売店などでも見られます。茨城県日立市の飲食店
グループは「ひたち地魚倶楽部」を作ってメニューを工夫し，
静岡県熱海市は「熱海の地魚」をアピールする「魚まつり」を
始めました。地魚を使った地元独特のメニューも人気です
（**表16-1**）。

天然魚の問題は何ですか？

　天然魚はメリットばかりではありません。デメリットもあります。一つは寄生虫や天然毒物です。これは人間活動とは無関係に自然界で起こっているものです。

　最も一般的な寄生虫は，線虫の仲間のアニサキスで，幼虫は太さ0.5ミリほど，体長は2〜3センチです。アニサキスは，終宿主のクジラなどの海産哺乳動物の胃の中で幼虫から成虫になって産卵し，卵は糞とともに海水中に排出されて孵化し，中間宿主のオキアミなどの小型甲殻類に食べられ，それが食物連鎖（ **Q21** ）で小型魚から大型魚へと中間宿主の間を移動し，やがて終宿主の海産哺乳類に達して成体になります。アニサキス幼虫は，魚やイカなど様々な海産魚介類に寄生していて，生食した際に幼虫を食べてしまうと消化管に穿入して痛みを伴い，激しい下痢，吐き気，嘔吐などの症状を起こすことがあります。ただ，人の体内では増殖しないので，食べた個体が体外に出たり，死んでしまえば症状は消えます。シュードテラノーバもアニサキスと同様の寄生虫でアンコウ・タラ・オヒョウ・ホッケ・マンボウ・メヌケ・イカなどに寄生します。

　海には人体に有害な天然毒物を生産する微生物がいて，それを食べて汚染した魚介類を食べると危険です。例えば，渦鞭毛藻類の中にシガテラ毒（シガトキシン）をもつ種がいて，それを直接あるいは間接的にヒレナガカンパチ・イシガキダイ・オニカマス・パラフエダイなどの魚が食べて汚染されている場合があります。消化器系と神経系を犯し，まれに死ぬこともあります。ハワイでは，野生のヒレナガカンパチは決して食べません。フグのテトロドトキシンは人を殺傷する強力な神経毒で，

海洋細菌のビブリオが産生し，食物連鎖を通じてフグが汚染されるものです。貝毒も同様で，一部の渦鞭毛藻類が産生し，それらを食べた二枚貝やカニ類が汚染され，麻痺性，下痢性，神経性などの症状の原因になることが知られています。また，一部の珪藻類はアミノ酸の一種のドウモイ酸を産生し，これを取り込んだ二枚貝などを食べると記憶喪失症状が出ます。これらの毒物は熱処理などでは無毒化できませんから，食用にする場合には注意が必要です。その他，人体から出されたノロウイルスや劇症肝炎ウイルスなどが生活排水などに含まれて海に流れ込み，プランクトンを経由してカキやアワビなどに取り込まれ，それを生で食べた人の健康を害することもしばしば起こります。

　天然魚のもう一つの危険性は，人間活動によって出された人工合成物質や重金属類などの毒物が水域に入って魚介類が汚染される問題です。よく知られている例は，工場排水が原因の有機水銀による水俣病や鉱山から出されたカドミウムによるイタイイタイ病です。また，DDT・ダイオキシン・PCBなどの難分解性有機汚染物質（POPs）や鉛・カドミウム・水銀などの重金属類は，水中に大量に入れば急性毒性で水生生物に直接影響が出ますが，少量の場合は食物連鎖を通じてサケ・マグロ・ブリなどの高次栄養段階の生物に高濃度に蓄積し，それを食べた人の健康被害の原因になります。慢性毒性です。最近話題になっているマイクロプラスチックは，水中で汚染物質を表面に吸着するので，食物連鎖の生物濃縮をより深刻にします（ **column 3** 参照）。これらの毒物を含んだ魚介類を食べても，直ぐに症状が現れることはほとんどありませんが，食べ続ける

表 17-1　妊娠している人や妊娠の可能性のある人の摂食量の目安
（出典　平成 17 年度厚生労働省医薬食品局食品安全部基準審査課）

1 週間の摂食量の目安	種
~10 グラム	バンドウイルカ
~40 グラム	コビレゴンドウ
~80 グラム	キンメダイ，メカジキ，クロマグロ，メバチマグロ，エッチュウバイガイ，ツチクジラ，マッコウクジラ
~160 グラム	キダイ，マカジキ，ユメカサゴ，ミナミマグロ，ヨシキリザメ，イシイルカ

注）寿司の 1 貫と刺身の一切れは約 15 グラム，刺身 1 人前は約 80 グラム，切り身 1 切れは約 80 グラム。

と健康被害につながります。

　魚介類は健康維持にとって優れた食品ですが，天然魚介類では汚染を考慮して，摂取量を考えるように欧米を始めとしてガイドラインが出されています。**表 17-1** は，日本の厚生労働省が国内の魚や海産哺乳類の水銀濃度を調べ，妊娠中や妊娠の可能性のある人向けに出した摂取量のガイドラインです。表から分かるように，いずれも食物連鎖のトップにいる魚や哺乳類です。食物連鎖の下位にいる小魚類の汚染は低いので，汚染の影響を避けるには，特定の種に集中しないで多種類を食べることが大切です。

イズミダイとはどんな魚ですか？

日本で，通称「泉鯛（イズミダイ）」と呼ばれる淡水魚です。名前の通りで，外見はクロダイやタイに似て（**図 18-1**），味もタイにそっくりなところから，高級感のあるこの名前がつきました。標準和名はチカダイ（近鯛）で，イズミダイというのは別名で，他にナイルティラピアの別名もあります。学名は *Oreochromis niloticus*（Linneus）です。雑食性で，口に入る動植物は生死構わずどん欲に食べます。成長は速やかで，体長は80 センチ，3 キログラムほどになります。肉質は臭みがなく，非常に美味で食用として珍重されています。

原産地はアフリカで，食用として世界各地の河川に導入され，世界的に重要な食用魚になっています。ただ，水温が 10℃以下になると生息できないため，野外では熱帯・亜熱帯でしか自然繁殖できません。日本には 1962 年にエジプトから入ってきたものが養殖され，1980 年代から 1990 年代までは鹿児島県を始め盛んに養殖されていましたが，養殖マダイが安く大量に出回るようになると人件費などの高い日本での養殖生産では採算がとれなくなって，養殖生産量は激減してしまいました。中華料理などでは今でもよく使われています。東南アジアから冷凍で輸入もされています。

1960 年代にタイ

図 18-1 イズミダイ（ナイルティラピアもしくは遺伝的に近い個体）（提供　fish. asia）

2 天然魚について知ろう！

国の食糧事情の難しいことを知った魚類学者でもある皇太子明仁親王（平成天皇）は，タイ国王にイズミダイを50尾贈るとともに「イズミダイ養殖」を提案されました。タイ政府はさっそくイズミダイ養殖に取り組み，現在，タイではイズミダイが食用として広く利用されています。このエピソードにちなんで，タイでは華僑によって「仁魚」という漢字名がつけられています。1973年のバングラディッシュの食糧危機の折に，タイは自国で養殖したイズミダイ親魚50万尾をバングラディッシュに贈呈しました。

　イズミダイは環境適応力が旺盛で，水産利用の点では喜ばれましたが，在来魚を駆逐する強い淘汰圧を発揮して，世界各地の移植先の生態系を攪乱して問題になっています。日本でも，琉球列島や温泉地域などで定着・帰化して問題を起こしています。とりわけ沖縄諸島の河川や湖沼，愛知県荒子川では大繁殖したイズミダイが優占して生態系に深刻な影響を与えています。

column 2 「越前がに」と「松葉がに」の持続型漁業

　越前がにと松葉がにはどちらも分類学的には同じズワイガニで，前者は福井県沖，後者は山陰といったように獲れる場所が違います。2000年頃までは北海道のオホーツク海沿岸でも漁獲されていて，そちらはズワイガニと呼ばれていました。

　当時，越前がにと松葉がにとズワイガニでは，値段が大きく違っていて，「同じ品種なのに，松葉がにの1/4〜1/10の価格で買えるオホーツク産ズワイガニとは？」という宣伝広告が出されていました。これらのカニの大きさや味にはほとんど違いがありませんでした。

福井県産：越前がに「極」（左，提供　越前町観光連盟）と鳥取県産：松葉がに「五輝星」（右，提供　鳥取県）

　では，どうしてこんなにも大きな値段の差ができたのでしょうか？　それは，一言で言えば漁獲方法の違いです。ズワイガニは水深250〜400メートルの限られた場所で生活し，成熟するまで8年以上という長い年数がかかるので，福井県沖と山陰では長年の漁業活動の経験から，再生産が妨げられないように漁獲の場所と量と漁獲法を考え，主にカニかご漁などを選択しました。漁獲量は限られますが，漁獲物は損傷がなく，一匹一匹を丁寧に扱って市場に出します。

　一方，オホーツクでは漁獲量を多くすることが優先され，底引きトロールが使われたのです。多くのトロール漁船が連日のように出漁し，オホーツク沿岸のズワイガニはあっという間に獲り尽くされました。2000年後まもなく，底引きトロールの獲物がなくなって，オホーツクのトロール漁業はすべて廃業となったのです。持続性の高い漁獲法を選んだ越前がにと松葉がには今も健在です。

Section 3

海の魚の生産量を決める仕組み

海の生産量は高いですか？
それとも低いですか？

生産量にはいろいろなとらえ方があります。例えば，米や麦の穫れ高，漁獲の大きさ，果ては工場での製品の生産量など実に多様です。海の生産量では，人が関係しない自然の生産を意味する場合が一般的で，「一定の面積内で植物が光合成によって1年間に作る有機物の量」を指します。専門用語では「一次生産」あるいは大元の生産を意識して「基礎生産」と呼びます。一次生産の大きさは「生産された有機物の量/面積/年」で表します。一次生産は，地球上の陸と海で自然に行われていて，その大きさは場所や時間で大きく変わります。

　一次生産に携わっている一次生産者は植物で，エネルギーとして太陽光を利用し，二酸化炭素や窒素・リンといった無機物の各種栄養塩類を材料に使って光合成で有機物をつくります。陸の植物は木や草やシダや苔，海は海藻・海草や植物プランクトンです。

　1964～74に地球上の陸と海の一次生産の大きさを調査する国際生物事業計画（International Biological program：IBP）が進められ，日本を含めて世界中の研究者が分担して一次生産を測定しました。1975年にまとめられたIBPの結果が**表19-1**です。海と陸のそれぞれの一次生産の平均値を見ると，陸が773グラム（乾重）/平方メートル/年に対し，海は152グラム（乾重）/平方メートル/年で陸の1/5しかありません。面積は，海が陸の2倍以上広いので，海全体の一次生産量は年間55億トン（乾重）で，陸の115億トン（乾重）の半分程度にまで差が縮まっています。ただ，一口に海と言っても，外洋が90％以上の広大な面積を占め，その外洋の一次

表 19-1　地球の海と陸の一次生産の大きさ（ホイッタカー，1979 を一部改変）

	生態系のタイプ	面積 （百万平方 キロ）	一次生産 （グラム（乾重）/ 平方メートル/ 年）	総一次生産 （1億トン（乾重）/ 年）
海	外　洋	332.0	2 ～　400	41.5
	湧昇域	0.4	400 ～ 1000	0.2
	大陸棚	26.6	200 ～　600	9.6
	藻場・サンゴ礁・入江	2.0	200 ～ 4000	11.2
	海洋合計	361.0	152	55.0
陸	森　林	48.5	400 ～ 4000	73.9
	草原・疎林	32.5	200 ～ 2000	24.9
	耕　地	14.0	100 ～ 4000	9.1
	荒原・都市・砂漠	50.0	0 ～　400	2.77
	湿地・湖沼・河川	4.0	100 ～ 3500	4.5
	陸地合計	149.0	773	115.0
	地球合計	510.0	333	170.0

生産は陸の砂漠と同じく著しく低いことが分かります。外洋に
比べ，湧昇域と藻場・サンゴ礁・入江の生産はかなり高くなっ
ていますが，これらの面積は極めて小さいため，海全体の生産
量を大きく高めてはいません。このように，海の一次生産は陸
に比べるとかなり低いことが分かります。

　ちなみに，高い一次生産が上がっているのは陸では熱帯雨林，
海では熱帯のサンゴ礁で，共に最大値が 4,000 グラム（乾重）
/ 平方メートル / 年程度と言われています。この一次生産の最
大値を参考にすると，海全体の平均は最大値の 4 ％の生産量し
かありません。外洋，大陸棚，湧昇域の最も高い一次生産でも
それぞれ先にあげた最大値の 10 ％，15 ％，25 ％といった状態
で，ごく一部のサンゴ礁で，最大値は得られてはいますが，海

の一次生産は全体的に極めて低いことが分かります。

　陸の一次生産には降水量の影響が大きく，ある程度以上の降水量があるところには生産量の多い森林ができ，降水量が少なくなると疎林→草原→砂漠の順で生産量は少なくなります。陸の一次生産に影響するもう一つの大きな要因は気温です。森林の例で見ると分かりやすく，気温が高い熱帯で高く，温帯，寒帯と下がっていきます。

　一方，海の生産には光合成による有機物生産に必要な窒素やリンなどの栄養塩類（肥料）の供給が最も大きく影響します。海水は光を吸収しやすいので，きれいなところでも光合成に必要な光は水深200メートル程度までしか届きません。ですから，植物プランクトンや海藻・海草の生活場所は水深200メートル以浅に集中します。水深200メートル以浅の栄養塩類は光合成によって吸収され，新たな栄養塩類の供給は極めて限られて貧栄養のため，海の一次生産は全体として少ないのです。その中で，大陸棚は河川による陸からの栄養塩類の流入と，浅い水深のために海水の上下の攪拌で下層の栄養塩類が表層へ巻き上げられやすく，そのため外洋に比べてやや高い一次生産になっています。湧昇域は，海の特定の場所で自然に起こる湧昇によって下層の栄養塩類が表層にもたらせられ一次生産が高まっていますが，海全体では面積が限られています。藻場・サンゴ礁・入江は，陸近くの浅海域で，森林に匹敵する高い一次生産の見られるところもありますが，面積が限られているので全体への貢献は大きくありません。海の平均水深は約3,800メートルあり，1,000メートル以深にはかなりの量の栄養塩類

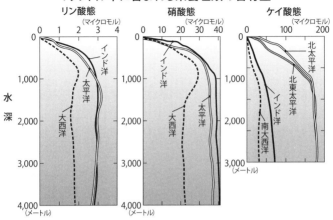

1リットル中に含まれる栄養塩類の含有量

図 19-1　太平洋，大西洋，インド洋での窒素，リン，ケイ素の栄養塩類の鉛直
　分布（Sverdrup ら，1942）

が溶けています（**図 19-1**）。これはもともと有機物が分解した
ものです。しかし，海は表層が太陽光で温められて成層構造が
発達しているため，上下の海水の混合が起こりません。ごく限
られた下層水が表層へ湧昇しているところでのみ，下層の栄養
塩類が表層にもたらされ，生産量が上がっています。

どうして海の緑は少ないのですか？

日本は大都市を除くとどこに行っても豊かな緑があります。人工衛星で宇宙から撮られた映像を見ると，夏の日本列島のほとんどが濃い緑で覆われています。それに比べて，アジア，アフリカ，南・北アメリカ，オーストラリアの大陸の，特に内陸部には緑はほとんど見られません。これは日本列島が温暖で比較的に雨が多いからです。そのため日本で生活している私たちは，緑があるのは当たり前という感覚になっています。

さて，それでは海の緑はどうでしょう？　海は陸に比べて緑はほとんどありません。日本の周りだけでなく，世界中どこの海も緑は少ないのです。1979年に整理された海と陸の緑の量の結果（**表20-1**）を見ると，海の緑の量の平均は陸の1/1000といった少なさです。藻場・サンゴ礁・入江でやっと耕地並みの緑の量で，それ以外の海は荒原・都市・砂漠よりもはるかに少ない状態です。

一口に緑の量といっても身近な植物を想像してみれば分かるように，葉だけでなく枝や幹もあり，**表20-1**ではそれらを含んで緑の量とされています。ですから枝や幹が多い森林で緑の量は多くなります。葉だけにすると，森林と草原ではそんなに大きな違いにはなりません。光合成で生活している植物は降り注ぐ太陽光の1%程度以上の光の強さがないと利用できないので，木や草は光が1%になる状態までは葉を茂らせて光を吸収し，それ以下の光環境では葉は落としてしまいます。雨量が少なかったり，気温が低かったり，土の中の肥料が十分でないと，光が十分にあっても緑の量は貧弱になりますが，そうでないと光をしゃぶりつくすだけの葉が茂り，緑の量にはそんなに大き

表 20-1　地球の海と陸の一次生産の大きさ（ホイッタカー，1979 を一部改変）

	生態系のタイプ	面積 （100万平方 キロ）	緑の量 （キログラム（乾重） /平方メートル）	緑の総量 （1億トン（乾重））
海	外　洋	332.0	0.003	0.996
	湧昇域	0.4	0.02	0.008
	大陸棚	26.6	0.01	0.266
	藻場・サンゴ礁・入江	2.0	1.3	2.6
	合計 / 平均	361.0	0.01	3.61
陸	森　林	48.5	34.0	1,649.0
	草原・疎林	32.5	3.85	125.0
	耕　地	14.0	1.0	14.0
	荒原・都市・砂漠	50.0	0.338	16.9
	湿地・湖沼・河川	4.0	7.51	30.04
	合計 / 平均	149.0	12.3	1,832.0
	地球平均 / 合計	510.0	3.60	1,836.0

な違いは見られません。

　海の植物も光合成で生活しているので，緑の量やその分布を決めている仕組みは陸と同じです。ただ，海は陸とは四つの点で違います。一つは，陸では植物が光の大部分を吸収しますが，海で光を吸収するのは植物よりも水と水中に溶けたり懸濁している物質の方がはるかに大きいことです。例えば，何も含まない蒸留水でも，光は水によって吸収され 150 メートルも通ると光の強さは 1 ％程度にまで減ってしまいます。植物プランクトンは単細胞で，茎や枝に相当するものはなく，光を効率的に吸収できるように工夫されています。

二つ目は、 **Q19** で紹介したように、海で光合成の可能な200メートル以浅、特に光が十分に降り注ぐ表層近くには栄養塩類がほとんどないため、光があっても栄養不足で植物は増えられないことです。外洋、大陸棚、湧昇域の緑の量の違いは、まさに栄養環境の違いを反映しています。深いところには栄養塩類はありますが、光が届かないので植物は増えることができません。

三つ目は、陸は植食動物が少なく、特に森林では大部分の葉は動物に食べられないで落葉しますが、海では作られるかたわら動物に食べられていくので緑は蓄積しません。しかし、食べられるかたわら、生産されて速やかに補充されるので緑が無くなることもありません。

四つ目は、光は海の表面から差し込み、海水が光を吸収してしまうので、光合成に依存する植物は海の表層近くに漂っていなければならず、その結果、海では単細胞で大きさが数〜数百ミクロンの大きさの植物プランクトンが圧倒的に優先するのです。植物プランクトンは生きていると表層近くの水中にいられますが、元気がなくなったり死んでしまうと沈んでいきます。そのため、光合成の可能な水中には元気な植物プランクトンだけしかいないのです。

以上のような仕組みで、海の緑は平均すると陸の1/1000以下に抑えられています。特に、植物プランクトンが優先する外洋、大陸棚、湧昇域での少なさが顕著で、肉眼で海の緑を確認することはできません。温帯で春の大繁殖期にかろうじて珪藻類などによる茶色の着色状態が確認できる程度です。また、

植物プランクトンの中で緑色をしているのは緑藻類などだけで，海で優先する珪藻類や渦鞭毛藻類は黄色や茶色です。その意味で，海では植物を"みどり"と表現するのは現実を正しく表してはいません。藻場では大型藻類が，入江では海草などが繁殖していて，肉眼で植物の緑を確認することが可能です。海藻類には緑色の緑藻類もありますが，よく目にするホンダワラ，コンブ，ワカメ，カジメなどの褐藻は緑ではなく褐色です。紅藻類は水深が深くなるので肉眼で確認することは容易ではありません。それでも，藻場・サンゴ礁・入江の緑の量は，草原にはおよばず，耕地程度の少なさです。

　海の面積は陸の2倍強ありますが，緑の量が少ないために，海全体でも陸の1/500という少なさです。ただ，**Q19**で紹介したように，この少ない緑の量で，陸の半分の一次生産を上げていることは注目されます。先に紹介したように，陸の緑は光合成器官の葉に加えて枝・茎・幹・根などを含んでいて，全体の緑の量のほとんどがこれらの非光合成器官です。しかし，海の緑は光合成器官のみです。海の非光合成器官に相当するのは，分解に数百～数千年を必要とする海水中の難溶性溶存有機物で，その量は炭素量として全海洋に600億トン以上あり，これは乾重1,500億トン（炭素量から乾重への換算は×2.5）で，**表20-1**で紹介した陸上の緑の量に匹敵します。

海の中では「食物連鎖」はどうなっていますか？

　アフリカの草原で，小型の肉食獣が群れで大型の草食獣を倒し，地面に横たわった獲物を仲間たちで貪り食う，つまり小が大を食べる様子が自然の営みなどのテレビ番組で放映されますが，海ではそうしたことは起こりません。海では，餌を獲った，つまり殺すと沈んでしまいますから，水中で生きた状態の餌を獲って食べなければならないのです。基本は餌の丸のみです。

　光合成で無機物から必要な有機物を作り出せる植物以外のすべての生物は，他の生物を餌として食べて生きています。人も例外ではありません。こうした「食う―食われる」関係を「食物連鎖」と呼びます。生きた生物を食べるものは「生食食物連鎖」，生きていない生物を食べる，例えば落ち葉（腐食）をミミズが食べ，それをモグラが食べるというのは「腐食食物連鎖」と呼びます。海では生食食物連鎖が発達し，陸の森林では腐食食物連鎖が卓越します。

　図21-1は1992年に米国のワシントンポスト紙に掲載された漫画で，海の生食食物連鎖の特徴の一部を実にうまく表現しています。海の食物連鎖のスタートは大きさが数～数百ミクロンの植物プランクトンで，それが数百ミクロン～数ミリの大きさの動物プランクトンに食べられ，さらに数センチの小魚，数十センチの中型魚，数百センチの大型魚と順番に食べられていきます。このように，生食食物連鎖では小型の生物がより大型の生物に食べられ，長さにして1～2桁の違いがあります。海では，餌を濾しとったり，口で一飲みにするといった食べ方が多いので，どうしても大きい生物が小さい生物を食べることになります。

図21-1　海での「食う―食われる関係」，つまり生食食物連鎖の仕組み（出典
　ワシントンポスト，1992）

　これは体を大きくすると食べられ難くなることを意味します。
実際に，体の本体は小さいプランクトンでも，触手や鬚などを
長くのばしているものがいて，それらは食べられ難いことが観
察されています。よく，海でサメに襲われないようにするには
昔から赤い褌を長くのばして泳ぐと良いと言われていますが，
これなども体を大きく見せる効果があってサメが襲わなくなる
のかもしれません。

　陸では小さな毛虫が大きな木に群がって葉を食べたり，先に
紹介した小さな肉食獣が大きな草食獣を攻撃することはありま
すが，多くの場合，陸でも小さな生物が大きな生物に食べられ
ています。したがって多少の例外はありますが，大きな生物が
小さな生物を食べるのは自然界ではかなり一般的と言えます。
特にプランクトンの優先している海ではその傾向が強く見られ
ます。海の動物ではクジラの仲間が最大です。成体になったク
ジラは直接食べられることはありませんが，身体の小さな子ク
ジラは親の保護がないと食べられてしまいます。

　実際の海の食物連鎖は**図21-1**のように単純ではありません。
多くの種が互いに「食う―食われる」関係で結ばれていて，食
物網を構成しています。こうした海の食物連鎖の仕組みを根本
で支えているのが植物プランクトンの一次生産です。一次生産

は栄養塩類の供給量に左右されていて，その大部分は動物など
の有機物の利用・分解によるものです。

　また，1匹のマグロの雌は1回に数万〜数十万の卵を産み，
そのほとんどは孵化しますが，親にまで成長するのは数匹にす
ぎません。成長の途中で食べられてしまうからです。もし，数
十匹のマグロが生き残ったとしたらどうでしょう？　瞬く間に
海はマグロであふれてしまいます。

海の魚の生産量を決めている仕組みは何ですか？

　海の魚の生産量には，大元の餌である一次生産量と生態系の仕組みが大きく効いています。

　まず，一次生産ですが，これには一次生産者である植物プランクトンの大きさと一次生産量の二つが大きく関係します。植物プランクトンの大きさは数ミクロンから数百ミクロンで，大小で体長は 100 倍違います。栄養塩類の供給の少ない外洋では鞭毛藻類などの微小植物プランクトンが，かたや栄養環境がやや良い大陸棚では珪藻類などの小型植物プランクトンが優先します。一次生産量は外洋では 50 グラム炭素 / 平方メートル / 年，大陸棚で 100 グラム炭素 / 平方メートル / 年のように，2 倍の違いが見られます。

　この一次生産物は，生態系の仕組みである食物連鎖によって次々と動物に食べられて魚へと伝わっていきます。その際，Q21 で紹介したように，餌は 1 〜 2 桁大きなサイズの動物に食べられますから，図 22-1 に模式的に示したように，一次生産者が小さいと魚にたどりつくまでに多くの動物を経由することになり，図の外洋の例では大型魚に達するまでに 4 種類の動物がかかわります。それに対して大陸棚では 2 種類です。この食べられるステップを栄養段階と呼び，図 22-1 で示した外洋での栄養段階数は平均して 5，大陸棚では 3 です。栄養段階のスタートに近い方は，植物プランクトンを含めて低次栄養段階，終わりの方は高次栄養段階と呼びます。栄養段階を一つ経由するたびに，有機物は捕食動物の行動や成長に使われて目減りし，捕食者の成長分（生産量）が次に食べる動物の餌になります。このそれぞれの栄養段階の有機物の転送効率は生態効率あるい

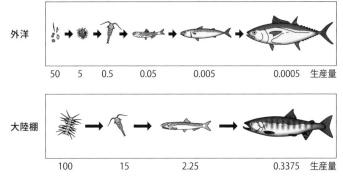

食物連鎖

外洋

50　　5　　0.5　　0.05　　0.005　　　　　0.0005　　生産量

大陸棚

100　　　　　15　　　　　2.25　　　　0.3375　　生産量

図 22-1　海の外洋と大陸棚での食物連鎖とそれぞれの栄養段階での生産量

は発見者の名前をとってリンデマン比と呼ばれます。生態効率は外洋では生物が少ないので探し回る手間などが多くかかり10％程度，大陸棚では 15％と高くなります。

　図 22-1 に示した例では，外洋と大陸棚に見られた一次生産の２倍の違いは，最終の大型魚の生産量では 675 倍の違いに拡大します。**Q13** でイワシ類，サバ類，マアジ，サンマなどプランクトン食の小型浮魚の漁獲量の多いことを紹介しましたが，植物プランクトンやそれを食べる動物プランクトンといった低次栄養段階という生態系内で最も多くの餌が利用できるからです。また，マグロ類の生産量の少なさは，生態系内で生産量の少ない高次栄養段階の動物を餌にしているからです。こうした海で魚の生産量を決めている仕組みを最初に説明したのは米国ウッズホール海洋研究所のライザー博士です（Ryther, 1969）。

湧昇域って何ですか？
なぜ魚が多いのですか？

　湧昇域に魚が多いのには三つの理由があります。

　第一は，湧昇域では湧き上がってきた下層水が表層付近に栄養塩類をもたらし，良くなった栄養状態で植物プランクトンの光合成が盛んになって一次生産の増えることが上げられます。年間平均で比較すると，湧昇域の一次生産量は 300 グラム炭素 / 平方メートル / 年で，これは外洋の 6 倍，大陸棚の 3 倍ほどになります。一次生産は生態系を支えるエネルギーと物質を供給し，家庭で例えれば世帯収入にあたります。家庭では収入が多くなると家族のそれぞれの生活が豊かになりますが，生態系の場合は各栄養段階の生物が増え，つまり魚の量が多くなるのです。

　第二は，湧昇域の生態系の食物連鎖の短さ，つまり，植物プランクトンから魚までの経路が短くなることです。それには食物連鎖のスタートになる植物プランクトンの大きさが深く関係し，栄養塩類の濃度が比較的に高い湧昇域では，中心珪藻類などの大型植物プランクトンが優先します。湧昇域の代表としてよく取り上げられるペルー沖では大型植物プランクトンが小型浮魚のカタクチイワシに，南極海では大型の南極オキアミを経由してクジラなどに食べられます（**図 23-1**）。栄養段階数はペルー沖では 1，南極海では 2 という短さです。**Q22** で紹介したように，外洋と大陸棚の栄養段階数はそれぞれ 5 と 3 です。

　栄養段階を一つ経由するたびに，次の栄養段階の生物の餌の量は 80 ～ 90％も減ってしまいます。ですから，栄養段階の最後の方の高次栄養段階の生物にとっては，栄養段階の数が少ないほどより多くの餌にありつけます。中間搾取の多い場合と，

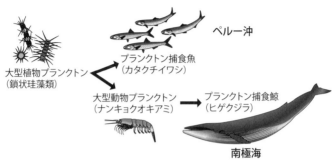

図 23-1　代表的な湧昇生態系として取り上げられるペルー沖（上）南極海（下）の主な「食う—食われる」関係（Lalli and Parsons, 1997 を元に作成）

少ない場合と同じです。言い換えれば，一次生産に近いものを餌にしている方が餌は多く，それだけ生物量は多くなります。

　第三は，栄養段階の間での餌の利用効率で， **Q22** で紹介した生態効率（リンデマン比）が高いことです。湧昇生態系の平均的な生態効率は 20％程度と考えられていて，大陸棚の 15％や外洋の 10％に比べてかなりの高さです。湧昇生態系の高い生態効率は，一次生産者や植食動物の大きさ・密度・そろった形によってもたらされたものです。

　ペルー沖と南極海の一次生産量を上述したように 300 グラム炭素 / 平方メートル / 年，栄養段階数を平均して 1.5，栄養段階間の生態効率を 20％として最終栄養段階の魚の生産量を求めると 36 グラム炭素 / 平方メートル / 年が得られます。これは， **Q22** で紹介した大陸棚の魚の生産量の 105 倍，外洋では実に 7 万 2,000 倍になります。一次生産量ではたかだか外洋の 6 倍の違いが，生態系内の食物連鎖の仕組みによって湧昇生態系ではさらに 1 万倍増幅されたことになります。

　湧昇域は全海洋の 0.1％の面積しか占めていませんが，魚類生産力が大きいので魚類生産では全海洋の 60％におよび，残りを大陸棚が占めています。海洋の 90％以上を占める外洋の

魚類生産は全海洋の 0.1％にも満ちません。

　確かに，魚類の量としては湧昇の生産量は大きいものです。しかし，湧昇域で得られる魚を見ると，イワシ・ニシンのようなプランクトン食の小型浮魚が大部分です。タイ・マグロ・ヒラメ・サケといった高級肉食魚ではありません。魚の種としては，必ずしも手放しで喜べない面があります。また湧昇生態系は生物の種数が少なく生物多様性が他の生態系に比べて小さい。つまり，単純です。したがって，環境が変動するとその影響を受けやすいという弱さがあります。

地球温暖化は漁業資源に影響を与えますか？

　地球温暖化というのは，一口に言えば気温が上がることです。主な原因として考えられているのが，人間活動によって石油・石炭・天然ガスなどの化石燃料が使われると，廃棄物に含まれる温室効果をもった二酸化炭素が大気中に拡散して太陽光を吸収するためです。二酸化炭素の排出は，森林伐採でも起こります。温暖化でツンドラの氷が解け，中から温室効果の高いメタンガス（天然ガス）が大気中へ拡散しても同じ影響があります。産業革命前の 1800 年には大気中の二酸化炭素濃度（全休平均）は 280ppm 弱でしたが，人間活動によって現在は 425ppm まで増え（**図 24-1**），これによる温暖化は 1880 〜 2012 年で 0.85℃と見積もられています（**図 24-2**）。現在の二酸化炭素の排出を続けていくと今世紀終わりにはさらに 2.4 〜 4.8℃の気温上昇が見込まれます。今世紀中に二酸化炭素の排出をゼロにできれば今後の温度上昇は 0.3 〜 1.7℃程度で収まりそうですが，現実は厳しいため，今世紀の終わりの気温上昇を 2℃以下にすることが世界の国々の努力目標となっています。

　気温が上昇すると海面水温が上がります（**図 24-2**）。海面水温の上昇は，水面下数十メートルにまでおよびます。これまでの温暖化の影響はすでに漁業資源にも現われています。例えば，日本列島周辺では南九州の海藻類が高知県や紀伊半島あたりまで北上し，東京湾が北限だった造礁サンゴは宮城県付近にまで分布を伸ばしています。また，これまで黒潮に乗って高知の沿岸に来ていた熱帯魚は，今では冬越しして通年見られます。沖縄では，水温上昇でサンゴに共生している褐虫藻が抜け出す白化でサンゴの大量死滅が頻繁に起こっています。海藻類を食用

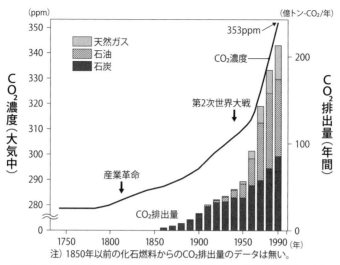

図 24-1　化石燃料からの二酸化炭素排出量と大気中の二酸化炭素濃度の変化
（http://www.sukawa.jp/kankyou/ondan3.html）

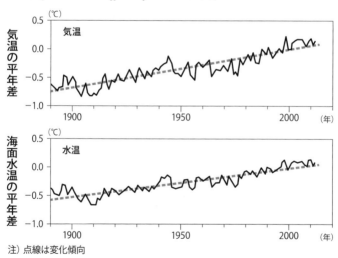

注）点線は変化傾向

図 24-2　世界の年平均の気温と海面水温の 30 年平均（1980 ～ 2010 年）に
対する偏差の推移（折れ線）
点線は変化傾向。（https://www.data.jma.go.jp/gmd/kaiyou/data/shindan/
sougou/pdf_vol2/sougou_1_vol2.pdf）

にするアイゴやイスズミなどの南方系藻食魚やウニが水温上昇で活発に海藻を食べて藻場を食い尽くし磯焼けが起こり，九州沿岸ではイセエビやアワビなどの磯根資源が減少しています。瀬戸内海では南方系魚類のナルトビエイが現れてアサリの食害が増しています。

漁業資源に対するより直接的な影響は水温の変化で，サンマ，マイワシ，サバ，ニシン，ブリ，サワラ，スルメイカなどの回遊経路が変わり，回遊範囲がより高緯度へと移っていることです。北海道ではこれまで獲れなかったブリが大量に漁獲されています。

大気中で増えた二酸化炭素の一部が海水に吸収されるとpHが低下して酸性化し，カルシウムの沈着（石灰化）でできる貝殻や骨ができにくくなって，貝類はもちろんのことサンゴやプランクトンの一部，さらには稚魚などへも悪影響が予想されています。海面水温が上がると，下層との温度の違いが大きくなって鉛直方向の海水交換が起こりにくくなり，溶存酸素が減少したり，下層から表層への栄養塩類の供給が少なくなって一次生産が減少します。また，海水温が上がると海水が膨張するので海面が上昇します。

以上のように，温暖化は漁業資源の生産場所や移動・回遊ルートの変化，生産量の減少や場合によっては壊滅的減少をもたらし，温暖化が進むとこれらの影響は拡大します。温暖化が進むと，漁業資源の生産は高緯度海域に移動し，中・低緯度海域の生産の低下が予想されます（**Q14** 参照）。

海の砂漠化って何ですか？

　砂漠は雨が少なく乾燥していて植物がほとんど育たない生物の生産が極端に少ないところです。こうした著しく低い生物生産が砂漠の特徴で，世界の海では5ヶ所の生産が低く「海の砂漠」と呼ばれています。それらは南北太平洋，南北大西洋，南インド洋の亜熱帯海域で，その面積は660万平方キロもの広大さです（**図 25-1**）。海の砂漠は，太陽で温められて軽くなった海水が海表面に覆いかぶさって蓋をして，下層から上層への栄養物質の供給を抑えてしまうことが原因で，自然現象です。栄養物質の中では窒素とリンと鉄の不足の大きいことが指摘されています。鉄やリンは主に陸地から大気や河川を通じて海に供給され，鉄は窒素固定生物を刺激するので，大陸の影響を受ける西部北太平洋の砂漠海域では窒素が供給されてリンの欠乏が著しくなり，一方，大陸の少ない南半球では窒素欠乏が大き

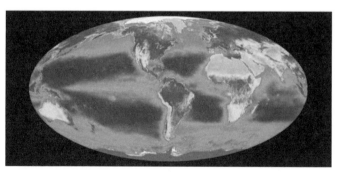

図 25-1　人工衛星 SeaWiFS の画像情報から求めた 1998 年から 2006 年まで9 年間の海洋の平均クロロフィル濃度（出典　SeaWiFS Project/NASA GSFC and GeoEye, Inc.）
太平洋，大西洋，インド洋の沖合の濃いところが「海の砂漠」海域。

く，リンは利用されずに残っています。このように同じ砂漠の
海でも不足している栄養物質が違います。

　地球温暖化が進むと，海表面の水温がさらに上がり，海の砂
漠は広がります。「海の砂漠化」です。1998年から2006年
にかけて，砂漠化した海の面積は15％拡大し，海面水温の上
昇によって起こったことが確認されました。ハワイ・ホノルル
の地元新聞 "Star Bulletin" は，2008年2月25日の紙面で人
工衛星による観測結果をもとに砂漠化した海域が年々広がる様
子を紹介し，近い将来ハワイ諸島に達する可能性を伝えました。

　温帯に位置している日本では，周辺の海は生産性が高いため，
上記とは別の「海の砂漠化」が人々の関心を呼んでいます。そ
れは海藻の森（藻場）がなくなって起こる「磯焼け」です。季
節や年によって，海藻は増減していますが，それらをこえて森
のように繁茂していた海藻がほぼ完全になくなって，基盤の岩
石や岩盤が白色の石灰藻（紅藻サンゴモ科ノエゾイシゴロモ）
に覆われてしまう場合があり，これが1990年代初めに「海の
砂漠化」と名づけられました。日本発祥です。その後，石灰藻
におきかわらない「磯焼け」も広義の「海の砂漠化」に含まれ
るようになりました。海藻が消失する点では植物が極端に少な
い陸の砂漠と似ていますが，藻場の生物生産は必ずしも乏しい
わけではなく，陸の砂漠と同じではありません。また，藻場は
海藻が岩などにくっついて生えているので，海藻が光合成で生
きられる水深100メートル以浅に限られますから，広大な海
に比べて藻場の面積自体は限られ，しかも「磯焼け」は藻場の
一部ですから，面積はさらに少なくなります。そのためか，国

3

海の魚の生産量を決める仕組み

外では「磯焼け」を「砂漠化」と捉えることはほとんどありません。

　磯焼けの原因としては，海水温が上がって海藻を食べるウニや魚の捕食が盛んになったり，海水に溶けている窒素・リンや海藻の成長に欠かせない鉄などの物質が少なくなったり，汚濁などで海水中の光の吸収が大きくなって海藻の生育のための光が十分に届かなくなるなどが考えられています。

藻場やアマモ場って何ですか？ Question 26

藻場は大陸棚でカジメ・コンブ・ホンダワラなどの海藻類が繁茂しているところで，アマモ場は種子植物の海草類のアマモやコアマモの群落で覆われている場所です（**図 26-1**）。ただ，藻場は，アマモ場も含んだ広い意味で利用されることもありますが，ここでは藻場とアマモ場を区別して話を進めます。

海藻類は岩などに仮根で付着しますから，藻場は基盤のある所にしかできません。しかも，光合成が可能な水深数十メートル以浅です。仮根は藻体を支えるだけで，光合成に必要な栄養物質は葉体が水中から直接吸収します。海藻によってはホンダワラやジャイアント・ケルプのように浮袋をもっていて，それにより水中で葉体を直立させ，光を受けやすくしています。藻場を構成する主な海藻によって，浅瀬にできるホンダワラ類のガラモ場，やや深くに海中林を形成するアラメ場・カジメ場

3

海の魚の生産量を決める仕組み

図 26-1　藻場とアマモ場（提供　2枚ともに大野正夫氏）
（左）1970年代土佐湾のカジメの藻場（その後、磯焼けによって消滅）。
（右）アマモ場とアマモに産みつけられたアオリイカの卵。

（本州以南），コンブ場（北海道・東北），ワカメ場（日本全国），さらに深くにできるテングサ場（日本全国）と，浅瀬にできるアオサ・アオノリ場（日本全国）があります。

　一方，海産種子植物（花を咲かせ種子を作る植物）の海草類はしっかりした根をもっていて，地下茎や根を泥や砂の中におろして植物体を支え，同時に必要な栄養物質を吸収します。ですからアマモ場が見られるのは砂泥域で，水深は 10 メートル以浅の浅瀬です。アマモ・コアマモ（温帯）の他に，エビアマモ・スガモ（寒帯），ウミヒルモ・リュウキュウスガモ・ウミショウブ・マツバウミジグサ（熱帯）などの海草類があります。日本国内のアマモ場は北海道から沖縄まで広く分布していて，その面積は藻場・アマモ場の約 16 ％を占めています。

　藻場・アマモ場を陸上の森林や草原と比較すると，最大の生物量（緑の量）は温帯林で約 200 キログラム（乾重）/ 平方メートル，イネ科植物の草原で約 4 キログラム（乾重）/ 平方メートルほどですが，藻場は最大でも約 4 キログラム（乾重）/ 平方メートルとかなり少なくなります。しかし，純生産量は温帯林が 1.3 キログラム（乾重）/ 平方メートル / 年，熱帯林が約 1.9 キログラム（乾重）/ 平方メートル / 年に対して，藻場は約 2.5 キログラム（乾重）/ 平方メートル / 年と，生物量に比べて圧倒的な大きさで森林に引けを取りません。

　藻場には大陸棚の生態系を支える次のような重要な働きがあります。魚類や甲殻類など海中の様々な生物の隠れ場所や産卵場所の提供，海藻・海草およびそれらに付着した微細な藻類は窒素やリンなどの栄養を吸収して光合成を行って水の浄化や海

中に酸素を供給し，流れ藻や寄り藻となって外洋や深海に運ばれた海藻は稚仔魚の隠れ家や有機物を供給し，海藻・海草に付着する細菌や真菌などの微生物は海中の有機物を分解して増殖するため水の浄化にも寄与します。さらに，海草は地下茎や根で海底を安定させ，同時に底泥に酸素を通すことで嫌気性細菌の働きを抑制し，底泥環境の悪化を防いでいます。海藻は貝類を始めとする多様な生物の餌になるほか，付着する微細な藻類や微生物は小型甲殻類や巻貝の餌になり，それらを捕食する魚類も集ってくるため生物多様性が高く，日本では古くから漁場として利用されてきました。また，アマモや海藻は農業の肥料としても利用されました。沖縄に生息しているジュゴンはアマモ類を餌にしています。

　日本の沿岸域で，海藻類や海草類が生息できる水深数十メートル以浅の海域面積は3万880平方キロで，この内，実際に藻場やアマモ場の発達しているのは1991年の調査によれば2,012平方キロと，先の浅海域面積の6.5％にすぎません。その内の15％ほどがアマモ場で，残りは藻場です。全国の藻場は1978〜1998年の20年間で約30％の652平方キロ減りました。減少の原因は，埋め立て・浚渫による浅場の減少，富栄養化で増殖した植物プランクトンや開発に伴う赤土の流入による透明度の低下，温暖化による海水温の上昇，農薬・除草剤などの化学物質や有害物質による水質汚染，ウニや魚による摂食圧の増加などが大きいと言われています（**Q30** 参照）。

Section 4
海の魚を増やす方法

海の栄養物質は陸から
運ばれるって本当ですか？

　海の栄養物質というのは，一口に言えば植物が必要とする肥料のことです。植物は太陽の光エネルギーを使って光合成で様々な無機の栄養物質から有機物を作り，それをもとに生活し，植物自身の身体を作ります。このように植物は自分で無機物から有機物を作り出せるので，独立栄養生物と呼ばれます。一方，自身は有機物を作れないで植物が作ったものを直接・間接に利用している動物や細菌などの微生物は，従属栄養生物です。海の植物は植物プランクトンと海藻の藻類と，種子植物の海草です。

　植物が必要とする栄養物質は，元素としては水素，酸素，炭素が圧倒的に多く，有機物の重さの98％を占めます。水素は水，酸素は酸素ガスから得られ，海ではこれらは植物の周りにふんだんにあります。炭素源の二酸化炭素は大気から海水に溶け，これも海水中では十分です。有機物に含まれるそれ以外の元素の量はごくわずかで，それらは窒素・リン・カリウム・カルシウム・マグネシウム・ケイ素・鉄など20種類近くで生元素と呼ばれます。植物は生元素類を無機の栄養物質（水に溶けた無機塩類を栄養塩類と呼ぶ）として吸収します。酸素・窒素・二酸化炭素はガスとして大気中に含まれ，大気を通じて海に供給されます。ただし植物自身は窒素ガスを直接利用することはできません。窒素固定微生物を介して硝酸態やアンモニウム態になって初めて利用可能です。それ以外のリン・カルシウム・マグネシウム・ケイ素・鉄などは気体にはならないので，主に陸に降った雨に溶けだし河川によって海に運ばれて利用が可能になります。

以上のように，海の植物が利用している栄養物質は，大元は陸地から来たもので，利用する植物から見ると主に三つの供給ルートがあります（**図27-1**）。

一つは，水中で動物や微生物が有機物を分解した結果出された，つまり現場での再生栄養物質で，これが海全体として植物に栄養供給していて最も重要です。

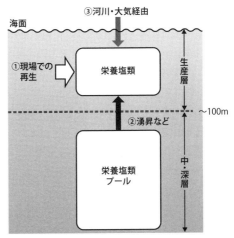

図27-1　海での植物への栄養物質の三つの供給ルート

二つ目は，海の生産層の下に溜まっていたものが湧昇などで生産層に供給されたものです。海には，地球上に海ができた時から溜まり続けてきた陸からの栄養物質があります。その量は，植物が比較的多く必要とする窒素やリンの場合，陸上で毎年まかれている肥料の数千～数万年分になります。その他の栄養物質は，植物が必要とするよりはるかに多量が海水中に溜まっています。しかし，栄養物質は植物が活発に光合成を行う100メートル以浅の生産層ではなく，それ以深の中・深層に溜まっています。カリフォルニア沖やペルー沖などの大陸の西岸や，

赤道域や南極海などの湧昇域で重要です。

　三つ目は，陸から河川水などで海に供給される栄養物質で，主に内湾・干潟・沿岸が潤います。大気によって陸から海に運ばれる栄養物質もあります。植物への栄養物質は，ここに述べた順番で供給量が少なくなります。陸上の岩石や土壌から自然に溶けだす栄養物質の量は限られていますが，人間活動が活発になって農業，排水，自動車の排気ガスや工場などで出された肥料分がかなり海に流れ込んでいます。

　という状態で，海の栄養物質のほとんどは陸から運ばれたものです。しかし，その大部分は海ができて以来，陸で水に溶けだして海に運び込まれて溜まった栄養物質プールからの供給で，ごく最近に陸から海に流れ込んだものの量はかなり限られ，しかも沿岸域に限定されます。

　さらに，陸から海に入った栄養物質の一部は，陸に戻されています。一つは，サケ類の母川回帰で，かつて北米，ヨーロッパ，アジアの各大陸の河川には秋になるとおびただしい数のサケが遡上して産卵し，そこで一生を終えました。それらのサケの死骸はクマを始めとした様々な鳥や獣が捕食し，その糞便が周辺の見事な森林形成に役立ったことが証明されています。もう一つは，ペルー沖や赤道の湧昇域で大量に繁殖するカタクチイワシなどの小型浮魚を海鳥が食べ，その糞が陸に堆積してグアノ（窒素質グアノ，燐酸質グアノ）となって，世界の農業でリンや窒素の肥料として使われていることです。

人の力で海の魚を
増やせませんか？

　海では Q19 で紹介したように，海全体として生物生産は最大の４％程度しか発揮できていません。まさに海は貧栄養の砂漠です。魚の生産は海の一次生産の大きさで決まりますから，人の力で海の一次生産が高められれば，魚を増やすことは可能です。高緯度では，海面に到達する太陽光が少なく，それが海の一次生産を低くしている主因で，これは人の力では容易には解決できません。しかし，中・低緯度の一次生産の低さは，深さ 100 メートル以浅の生産層の栄養物質の供給の少なさが原因で，これは人の力で何とかできそうです。

　海の生産層の下には膨大な量の栄養物質が溜まっていて，それを生産層に供給して海の生産性を高めることはかなり古くから指摘されていました。しかし，海の魚の利用が多くなかった頃は，人々は魚の増産の必要性をさほど強く感じなかったため，人の手で魚を増やす具体的な検討は行われませんでした。

　宇宙の SF 作家として有名な英国のアーサー・クラークは，数多くの宇宙 SF 小説を発表していて，中に数編の海洋 SF 小説があります。その一つ，1957 年に書かれた邦訳「海底牧場」で，100 年後の 2060 年を想定し，人の力で海の一次生産を高めて世界の食料不足を解決することが目指されています。物語は，海の砂漠であるハワイの東の太平洋の海底に，小型の原子力発電機を多数置いて栄養物質を多く含んだ底層水を温めて軽くし海面へ湧昇させて一次生産を高め，増えた植物プランクトンで動物プランクトンを増やし，それを高緯度海域から誘導したクジラに食べさせて熱帯の海にクジラ牧場を造るものです。鯨乳や鯨肉を生産して世界中の人々に動物タンパク質を供給す

ることが目指されました。

　下層の海水が生産層に湧出する湧昇海域では、一次生産が高まって魚が多く獲れることは科学的に明らかになっています。大規模な湧昇は、ペルー沖やオレゴン・カリフォルニア沖のような大陸の西岸沿い、赤道海域、南極海などに見られます。小規模な局地性湧昇は島や岬の流れの下流域でしばしば起こり、高い一次生産が確認されています。海中の山や堆も下層水を生産層にもたらし、良い漁場になっています。

　人口増加が顕著になって魚の利用が進むと魚資源が減少し、一方で魚の需要が増え、海で人工的に魚を増やそうという機運が盛り上がりました。こうして1970年代には、栄養物質を多く含んだ下層の海水を生産層にもたらす人工湧昇のチャレンジが始まったのです。海の肥沃化です。

　1987年には、水深約50メートルの宇和海の砂泥海底にコンクリート製の衝立を設置して、流れを利用して底層水を生産層内にもち上げて周辺海域の魚の生産性を高めることに成功しました。これは強い流れのある砂泥海域ほど効果的で、対馬や甑島の沖合を含めて、日本列島の何ヶ所かに設置されました。ただ、この方式では、工事の関係で、水深50メートル以上の深いところへの設置はできません。より大水深での流れを利用した湧昇効果を目指して工夫されたのが海底マウンド（人工海底山脈）です。1998年に、長崎県松浦沖の水深80メートルの砂泥海底に、1.6メートルの立方体の石炭灰ブロック5,000個を積み上げて第1号が造られました（**カラー口絵**参照）。海底マウンドは二山形で大きさは幅120メートル、奥行き60

メートル，高さ12メートルで，海底マウンドを中心とした面積2,018平方キロの海域でのカタクチイワシの漁獲量が造成以前の250トンから1,500トンへと6倍以上増えました。こうした効果的な魚の増産が立証され，海底マウンドは西日本の各地で設置が進み，一部は国家プロジェクトとして領海際に建造されています。深度が深くなると，効果を生み出すためにマウンドの規模は大きくなります。マウンドは，コンクリートブロックや自然石が基盤になって，砂泥には見られない岩礁生態系を生み出し，砂泥にはいない多様な魚介類を生産し，新たな魚資源を生み出します。

　海の流れを利用した肥沃化とは別に，栄養物質の多い深層の海水を汲み上げて表層水と混合して生産層内に放流して一次生産を高める肥沃化実験も進んでいます。世界初の実験は1990〜91年に富山湾で行われ，次いで2003〜07年に相模湾で実施されました。しかし，栄養物質を含んだ海水が生産層内を移動していくところまでは確認されましたが，植物プランクトン→動物プランクトン→魚にいたるところは残念ながら実験的には捉えられていません。

　栄養物質を多く含んだ海洋深層水の排水経路に沿って海藻群落が復活したことは報告されています。また，陸上に汲み上げた深層水に表層水を添加して太陽光にあてて植物プランクトンを増やし，それを別の養殖タンクに導いてアサリを生産するビジネスモデルも出されています。

　深層の海水は栄養物質を多く含むといっても，濃度はさほど高くないので，実用的な肥沃化には，莫大な量の海水を汲み上

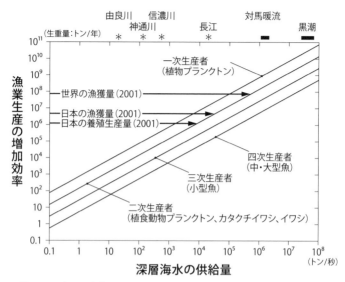

図 28-1　表層の生産層への深層海水の供給量と植物プランクトン，動物プランクトン，プランクトン食魚，魚食魚の生産量増加効果の概念図（井関，2000）

げて連続して供給する必要があります。試算によれば，日本の年間漁獲量に匹敵する肥沃化効果を生み出すには毎秒10万トンの深層海水の汲み上げが必要で（**図28-1**），そのための施設建設と維持にかかる費用は漁獲物で得られる利益以上になります。ですから，実用化には海洋温度差発電，海水淡水化，リチウムやマグネシウムなどの有用金属類の抽出など，大量取水の必要な複数の目的で深層海水を汲み上げその排水で海域を肥沃化すれば，揚水費用が分担され，魚の生産の事業化も可能になります。これはブルーレボリューション（青の革命）と呼ばれます。

　以上のように，栄養物質の多い深層海水を汲み上げて屋外の水槽内で太陽光をあてて植物プランクトンや海藻を培養して魚

介類を生産，あるいは海に衝立やマウンドを造って流れを利用して肥沃化し魚の生産を高めることは，すでに事業化されています。海で深層海水を汲み上げて魚の生産を増やすことは，未だ事業化にはいたっていませんが，近い将来，海洋深層水資源の大量利用が始まればすぐにでも実現する可能性を秘めています。（ **Q19** ， **Q20** 参照）

人工漁礁は魚を増やすのですか？

Question 29

「漁礁」を大辞林で調べると「魚類が好んで群集する水面下の岩場。岩礁・洲・堆などの隆起した海底。漁場として人工的にブロックや廃船を沈めて造るものもいう。」というように，漁礁は魚を呼び集める効果をもったものです。しかし，社会では漁礁は魚を呼び集めるだけでなく，なんとなく魚を育てているといったように理解されています。これはとんだ拡大解釈です。

日本で使われている海底設置型の人工漁礁の多くはコンクリート製で，**図 29-1** に示したように，空間がほとんどのいわばジャングルジムといった代物です。

こうした誤解を生んでいるのには，関係者の認識にも問題があるように思います。その証拠に，人工漁礁を製作販売している会社のパンフレットを見ると，「水産資源をつくりだす…漁礁群」「海を守り魚たちを育てる」「限りある漁場を大きく，豊かに育てます」「豊かな海を造ります」といったような，人工漁礁があたかも魚を育てているようなキャッチフレーズを大きく打ち出しているところがほとんどです。そこには，人工漁礁が魚を育てていると本気で信じている様子がうかがえます。

漁礁に魚が群れていることは確かで，天然漁礁には養育効果はありますが，人工漁礁はほとんどが集魚効果で，養育効果は無いといった方が正しいと思います。というのは，今，使われている人工漁礁のほとんどは魚を育てるために必要な大元の餌である植物プランクトンを増やせないからです。植物プランクトンを増やすには，栄養塩類の供給量を増やす必要があり，人工漁礁にはその機能はほとんどありません。

4

海の魚を増やす方法

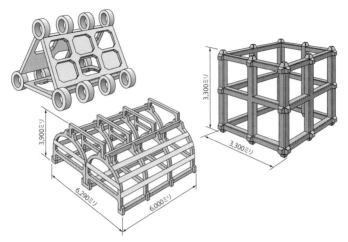

図29-1　様々な人工漁礁の例（高橋，2001 を元に作成）

　人工漁礁のパンフレットの中身を詳しく読んでいくと，主な効果は集魚であることが書かれています。担当者は，集魚効果を「魚を育てている」と無意識に考えを発展させ，それをキャッチフレーズにしているように感じられます。もしそうだとしたら，関係者の人工漁礁に関するいい加減な理解程度が問題で，一種の誇大宣伝です。

　人工漁礁には魚が集まってきますから，漁業者は広い海で闇雲に魚を探しまわる必要がありません。浮漁礁には特に大きな集魚効果があります。人工漁礁が置かれた場所に行って，そこで漁をすればいいことになります。漁礁に集まる性質をもった魚は，極めて能率よく漁獲できます。つまり，人工漁礁は広い海に散らばっている魚を特定個所に集めて，漁獲しやすくする装置ということになります。

　したがって，人工漁礁の理想的な利用法は，効率よく漁獲できるようになった分，空いた時間を漁業者は休漁し，過剰漁獲

にならないようにしなければなりません。そうしないで，人工漁礁の無かった時と同じように毎日漁業をすると，やがて獲りすぎて資源の減少を起こします。事実，漁礁に集まりやすい魚は資源量の減少する傾向にあります。

　これは，何も人工漁礁に限りません。以前，小舟でクジラを獲っていたある途上国に，日本から能率の良い動力付きの捕鯨船が寄贈されました。最初は，面白いほどにクジラが獲れましたが，次第に陸地の近くではクジラを見かけなくなり，やがて陸地の見えない遠くまで出漁しなければならないようになりました。そんなある日，捕鯨船が故障し，修理ができないままに時間が経過していきました。結局，人々は昔の手漕ぎのカヌーを引っ張り出してクジラを獲り始めました。そうしたら，やがて岸近くでクジラが獲れるようになったのです。自然に生活している生物，つまり無主物の採取では極めて一般的です。無主物の再生産速度にあった方法での採取を心がける必要があります。そうしないと資源の枯渇を早めてしまいます。

　漁業の効率化に効果のあった，魚群探知機，漁網など漁具の進歩，魚の習性の解明など…，すべて，人工漁礁と同じ問題を抱えています。これらの利用による漁獲の効率化をただ有頂天に喜んで就業努力の調整を怠ってきたことが，今日の漁業資源の壊滅的な減少の大きな原因の一つとも言えます。

どうすれば，藻場やアマモ場は増えますか？

　藻場やアマモ（海草）場は陸地に続く浅瀬に発達します。1991年の日本列島周辺の水深20メートル以浅の浅海面積は308万8,000ヘクタールあり，そのうちの約6.5％の20万1,154ヘクタールが藻場・アマモ場でした。浅瀬は，特に人間活動の影響を大きく受け，そのためもあってか日本各地で磯焼けが発生し，多くの藻場やアマモ場が消えました。

　環境庁が実施した調査によると，1978〜91年の13年間に日本列島周辺では6,403ヘクタールの藻場・アマモ場の消失が確認されています。内訳は藻場67.6％，アマモ場32.4％で，浅瀬に発達するアマモ場の方が藻場よりも年間の消滅率が1.6倍高くなっています。こうした藻場・アマモ場の消失理由は，14.7％が磯焼け，16.2％が海況変化，28.1％が埋め立てなどの直接改変，そして40.6％が原因不明でした。30％弱の埋め立ては理由がはっきりしていますが，それ以外は何らかの理由による環境変化と考えられます。

　一方で，人工的に新たな藻場ができた例もあります。それは埋め立てで大阪湾に建設された関西国際空港の海中の緩傾斜石積護岸です。I期空港の8.7キロとII期空港の13.0キロの合わせて21.7キロの海岸線にわたって50ヘクタール近くの藻場ができ，カジメやシダモク・タマハハキモクなどのホンダワラ類が茂っています。

　藻場・アマモ場を増やすには，再生などによって直接増やすことと，それに加えて現在あるものが消えないようにすることも重要です。そのためにまず考えなければならないことは，対象とする場所が，海藻類やアマモ類の育つ環境に適しているこ

との確認です。例えば，消えてしまった藻場を再生しようと，やみくもに海藻の芽生えをつけた岩などを投入する，いわゆる「海の植林」をすることは拙速です。陸で植林が行われる場所は，人が森の木々を伐採して裸地にしたところで，そこは木が生える環境ですから植林すれば森は再生します。木が生えない砂漠に植林する人はいません。そういう視点で，藻場やアマモ場を見るとどうでしょう。人が海藻やアマモを刈り取ってなくしたわけではありません。海藻やアマモが生育できない環境になって，自然に消えてしまったところがほとんどです。ですから，その原因を特定して，取り除かない限り，いくら海藻やアマモを植林しても復活はしません。藻場が減少していくところでも同じです。

　磯焼けによる藻場やアマモ場の消失の原因として挙げられているのが，海水の高温化や，それによる食害の増加，貧栄養化などです。黒潮の影響を受ける日本列島の太平洋に面した中部から南部では，黒潮が接近すると水温が上がり，同時に貧栄養になって，カジメなどの海藻類が枯死します。東北の太平洋岸では富栄養で低温な親潮の影響が弱くなるとアラメ海中林が縮小します。北米西岸に発達しているジャイアント・ケルプの森は，高水温で貧栄養のエルニーニョが起こると磯焼けに，低水温で富栄養のラニーニャで復活します。コンブの仲間は，高水温と高水温時の貧栄養性が共に成長を抑制します。海藻によって適温域がそれぞれ違いますから，水温が変化するだけでも海藻の生育状態は変わります。

　加えて，高水温は，海藻を食べるウニ，アワビ・サザエなど

の貝類や，ブダイ・アイゴ・イスズミなどの藻食魚の摂食が活発になって海藻が食べられます（食害）。この場合，海水温が下がり摂食圧を抑えられる，摂食動物を間引く，あるいは藻場の栄養塩類供給をよくして海藻の成長速度を高めるなどが起こらない限り，摂食圧が海藻の成長を上回って藻場は縮小あるいは消滅します。

　また，陸で開発が始まると土砂などの懸濁物質が海中に流れ込んで水が濁り，十分な光が届かなくなって海藻の成長が抑制されますし，濁り物質が海藻の胞子や遊走子に吸着すると沈降・拡散して発芽が阻害されます。その他，鉱山や工場排水，流出廃油，農薬・合成洗剤などの人工合成化学物質による海藻への影響も無視できません。

　海藻類は，岩盤や岩などの基盤がないと生えません。仮根で基盤にくっつき，海藻によっては浮袋をもっていて，海面に向かって直立します。栄養分は葉状体が水中から直接吸収します。新しい藻場を造ろうとする場合には，光が十分射し込んで，栄養塩類の供給がしっかりしているところに，基盤を入れる必要があります。海藻の胞子は，海中を漂っていますし，1年以内に育ちますから，特に海藻を植えつけなくても自然に生えます。ただ，特定の種の藻場を造る，あるいは藻場を速やかに造りたい場合には，その環境に適した海藻を選んで，海に入れると効果的です。その際には遺伝子攪乱を極力少なくする必要があり，遠隔地からの海藻の持ち込みは避け，藻場造成の周辺で採取したものを使用します。

　アマモは藻類ではなく種子植物（海草）で，砂や泥に根を下

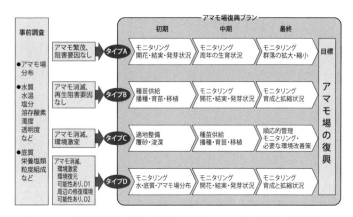

図30-1　三陸沖大津波で様々な影響を受けたアマモ場の復興および拡大のための作業計画概要（出典　環境省水・大気環境局水環境課 閉鎖性海域対策室里海復興プラン策定地域検討委員会「宮古湾里海復興プラン」資料を一部改変）

ろし，栄養塩類は根から吸収します。ですから海藻のように基盤は必要ありませんし，基盤で覆われているところには生えません。現地に適した海草を直接移植，あるいは種子をまいてアマモ場を造ります（**図30-1**）。底質が汚染している場合には，汚染した砂泥の除去や汚染砂泥の上にきれいな砂泥を敷いて人工海浜を造る必要があります。アマモの個体や種子を使う際には，アマモ場を造成する近くのものを使って遺伝子攪乱を最小にする必要があります（**Q26** 参照）。

サケなどの放流は
水産資源の増大に
有望ですか？
他国に横取りされませんか？

　海で成熟したサケは産卵期を迎えると自分が生まれた川をさかのぼって上流で産卵し，孵化した稚魚が海に下って成長します。日本の多くの河川には流域にダムが複数造られ，サケが遡上できなくなっています。そこで，産卵のために戻ってきたサケを河口で捕獲し，産卵・受精させ，孵化した稚魚を人工飼育し，ある程度大きくなったところで河口に放流します。確かに，放流された個体の一部はオホーツク海やベーリング海で外国の漁船に漁獲される可能性はありますが，それによって河川に回帰するサケの数への影響ははっきりしません。

　1980年から現在まで北海道を中心に毎年17 ～ 20億尾のサケの稚魚が放流されています。その間，回帰するサケの数は1990年代に9,000万尾に達し，その後は減少し，最近では2,000万尾程度です（**図31-1**）。放流数の75％を占める北海道では，1974 ～ 2017年の44年間の，サケの回帰数を放流数で割った回帰率は1.9 ～ 6.0％で，平均すると3.6％です。稚魚を異なった水温で育てた時に見られる耳石の成長の違いを利用した耳石温度標識で回帰個体を調べると，北海道の孵化放流の行われている河川の回帰個体の71.7 ～ 98.8％が放流であることが確認されています。ですから，稚魚放流をしないと，ダムなどでサケが遡上できない河川のサケは激減してしまうと考えられます。

　日本では江戸時代の1762年に，現在の新潟県村上市でサケが遡上する三面川の上流に柵を設けてその中にサケを囲い込んだ自然状態で産卵・受精させ，生まれた稚仔を柵内で育ててから翌年に柵を取り払って稚魚を川に戻して海に下らせました。

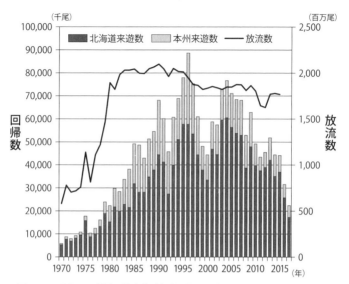

（千尾）　　　　　　　　　　　　　　　　　　　（百万尾）

■ 北海道来遊数　□ 本州来遊数　── 放流数

回帰数

放流数

図 31-1　サケの回帰数と放流数（出典　国立研究開発法人　水産研究・教育
機構北海道区水産研究所）

柵内を種川と呼び，川床は砂利を敷いてサケが産卵しやすくし，
稚魚が食べられないような様々な工夫を施しました。1767 年
にはサケの収益は約 40 両に増え，さらに 1796 年には 1,000
両以上に達したと記録されています。これは「種川の制」と呼
ばれ，村上藩だけでなく庄内藩でも利用され，明治になると北
海道の各地でも行われました。

　「種川の制」では産卵・孵化・稚仔は自然育成でしたが，現
在行われている方法は自然に育った親から産卵し，受精させ，
孵化した稚仔を人工的に育て，ある程度の大きさに育ったもの
を自然に戻す人工育成で，米国のコネチカット州で開発された
方法です。日本へは 1875 年に技術が伝わり，それが工夫され
ました。これは栽培漁業と呼ばれます。遡上する河川に集った
サケのほとんどすべてを利用するので，稚仔の遺伝子はその河

川に遡上する多様な遺伝子組成になります。ですから，限られた親を利用した場合に起こる遺伝子汚染は避けられます。加えてある程度の大きさまで育て，河口で放流するので，自然で育った稚仔が河川降下の際に受ける30％の減耗は回避されます。

　このように，現在，日本で行われているサケの放流事業は，極めて自然に近い栽培漁業で，しかも放流に要する一連の費用に対して回帰してきたサケの収益を考えると十分に採算がとれています。その結果，栽培漁業は，漁業資源の維持・増加を目指して1960年代に瀬戸内海でサケ以外の魚類で取り入れられ，成果を収めました。さらに，1970年代になると瀬戸内以外の各地でも栽培漁業への関心が高まり，地域にあった魚介類を使ったチャレンジが行われ，全国に栽培漁業センターが造られ，種苗生産と放流が始まったのです。取り組まれた種は，魚類54種，甲殻類17種，貝類39種，頭足類1種，棘皮動物9種，海藻2種にのぼります。栽培漁業で取り上げられた種に共通するのは，回遊などの行動範囲が限られ，付加価値の高いものです。代表的なものは，魚ではヒラメ・マダイ・ニシン・トラフグ・キジハタ・カサゴ・カレイ類，甲殻類ではクルマエビ・ガザミ，貝類ではアワビ類・ホタテガイ・アサリなどです。

　漁獲圧が大きく，資源量が著しく少なくなった種では，栽培漁業でそれなりの成果が得られました。しかし，地元産でも限られた数の親では種苗の遺伝子組成の単純化が避けられず，遺伝的多様性の喪失と集団構造の変化，生残率や繁殖成功度といった適応度の低下など，一連の遺伝的影響が考えられます。

加えて病原菌の伝播，環境収容量をめぐる放流魚と野生魚の競合，他種との競合などの生態的影響もあります。こうした本質的な問題に加え，事業費用負担の大きさに対して必ずしも収益が十分でないケースがあり，栽培漁業はごく一部の種を除いて見直しの時期にあります。

4

海の魚を増やす方法

潮干狩りのために他の場所で獲ったアサリを撒くことは問題にはなりませんか？

　同じ種でも，生息している場所が違うと遺伝子の交流がないため，遺伝子の構成（遺伝子プール）が微妙に違います。例えば，野生の個体群と，そこから人の手によって選抜して育種，あるいは近年の遺伝子組み換え技術によって作り出された個体群では，遺伝子構成が違います。雑種です。この雑種（外来種，または移入種と呼ぶ）が元の野生個体群の生息場所に入ると，両者が交雑して純粋な在来個体群のもつ遺伝子構成が変化して遺伝子汚染が起こり，新たな雑種が生まれます。例えば，自然のアサリの生息域に，別の場所で育ったアサリを入れて交雑の結果生まれた雑種は，見た目は在来種と違いませんが，在来種と交雑すると子孫が不妊になって在来種が絶滅したり，あるいは遺伝子汚染によって最終的に在来種が駆逐されて雑種だけになってしまうという問題が起こります。特に雑種は，在来種や雑種の親よりも繁殖力の旺盛なことがあり，新しくできた雑種が優先してしまいます。

　日本にはキタノメダカとミナミメダカの2種のメダカの在来種がいて，水域ごとに遺伝的な違いをもった多様な個体群が存在していました。ある水域の個体群の絶滅が危惧されるからと，別の水域のメダカ（外来個体群）を放流すると遺伝子汚染が起こって，結果として在来個体群は雑種になってしまいました。つまり，在来個体群がもっていた特異的な適応能力が失われてしまったのです。同じような雑種形成は，コイ，オオサンショウウオ，ニッポンバラタナゴ，ニホンヒキガエルなど多くのケースで知られています。タイワンバラタナゴとニッポンバラタナゴの雑種は，ニッポンバラタナゴだけでなく他のタナゴ類

○ 琵琶湖型mtDNAハプロタイプの確認地点
■ オイカワの天然分布域

図 32-1　オイカワの天然の分布域と，琵琶湖産オイカワが移植されたところ
（磯村・河村, 2015）

まで駆逐してしまいました。

　日本では，以前，北海道産のサケを漁業資源確保や天然個体の増殖のため，本州の多くの河川に放流しました。これらの放流個体は，移植先の在来個体と交雑して雑種が生まれましたが，時間がたってしまった現在では雑種を除去することはできません。サケに限らず，渓流釣り場で繁殖能力をもったイワナ・ヤマメ・アマゴを放流したところがあり，放流数が在来個体数の１％以下のごく少数でも，長い年を経て交雑個体が徐々に拡散してしまいました。この問題は，遺伝子汚染が十分に認識されていなかった時代に，日本だけでなく世界各地で起こりました。北米ではベニザケ・マスノスケ・ギンザケの河川放流で雑種が生まれています。以上で紹介した多くの移植は意図的ですが，非意図的に移植されてしまった例もあります。例えば，

図 32-1 は，琵琶湖産のアユの放流で一緒にオイカワが混じっていて，それが日本全国の河川に拡散してそれぞれの場所で雑種が発生したケースです。

養殖場では外来種を養殖しますから，それらが逃げ，在来個体や交雑可能な種と交雑して雑種ができます。北太平洋東部では太平洋沿岸に生息していなかった大西洋サケが養殖場から逃げ出し，それ自身が定着するだけでなく交雑可能な在来種との間に雑種が生まれています。

以前は，遺伝子汚染が十分に認識されていなかったために様々な魚介類で雑種ができてしまいました。いったん起こってしまったことを元に戻すことは容易ではありません。今後は新たな雑種が生まれないように十分な注意が必要です。

column 3　マイクロプラスチックと漁業資源

　このところ海のプラスチック汚染の懸念が世界的に広がっています。レジ袋やペットボトルのような肉眼で見えるものは,魚やクジラなどが餌と間違って食べてしまって消化器系を詰まらせたり,漁網や釣り糸が体に絡まって行動を制限したり,最悪の場合は死に至らしめます。

　プラスチックは紫外線で劣化します。ですから,海の表層で紫外線と波で壊されて,やがて小さな5ミリ大かそれ以下のマイクロプラスチックとなります（**カラー口絵**参照）。紫外線は海水に吸収されごく表層以外には届きません。マイクロプラスチックは表層から深層までかなりの量が分布していて,分解することなく半永久的に海中に有り続けます。特に海底にはマイクロプラスチックがかなりの量降り積もっています。

　マイクロプラスチックは,消化器系を詰まらせるような問題はおこしません。問題は,マイクロプラスチックは小粒のために容積に対して表面積が大きく,しかも水中の有機汚染物質や重金属類を吸着しやすい性質があることです。動物プランクトンが汚染物質を吸着したマイクロプラスチックを取り込むと,汚染物質が体内の脂質に溶け,プランクトンの体内に蓄積します。その動物プランクトンを小魚が食べ,中型魚が食べ,大型魚や海産哺乳動物が食べると,汚染物質が食物連鎖を通じて上位の動物へと移動して体内に蓄積します。このように,マグロ・サケ・ブリ・イルカなどの栄養段階が高次の動物で汚染物質の濃縮が進みます。つまりマイクロプラスチックは汚染化学物質の生物濃縮を加速してしまうのです。

漂流し分解されてマイクロプラスチックへ,それを食べる魚（イメージ）

Section 5

人々の期待を背負った魚の養殖

魚の養殖は漁業資源対策に有望ですか？

　世界の人口が増え，さらに人々がより多くの魚を求めるようになり，2016 年度の世界の魚の需要は年間 2 億 222 万トンにのぼりました。その内訳が，天然魚が 9,203 万トン（海産 8,039 万トン，内水面産 1,164 万トン），養殖が 1 億 1,021 万トン（海産 5,875 万トン，内水面産 5,146 万トン）で，すでに養殖が漁獲を超えています（**図 33-1**）。**Q3** で紹介したように，海の多くの魚資源は過剰な漁獲で資源量が減っています。天然魚の生産は自然任せで，人の意思では増やせません。天然の魚資源を維持するには，漁獲を抑える必要があります。

　こうした漁獲の現状で，人々の魚需要を満たすには，人が生産をコントロールできる養殖に頼るしかありません。実際，養殖生産は**図 33-1** に示したように，過去 40 年間順調に増え続け，最近は増加が加速しています。養殖は，必要な漁業資源を，必要とする時期に，必要な場所で，必要な量を計画的に生産して供給できます。これからは漁獲を抑え，増えていく魚の需要は養殖で対応していくことになります。

　ただ，養殖生産を増やすには，解決しなければならない課題がいくつかあります。

　一つ目は，海産魚の飼料の一部として使われる魚粉・魚油です。それらは天然魚ですから漁獲に依存します。ですから海産魚の餌には，天然産の魚粉・魚油をできるだけ減らし，人の力で生産可能な大豆・トウモロコシなどの植物性タンパク質，あるいはまだ実際には行われていませんが，海産の植物プランクトン・動物プランクトン・小魚などを安価に生産する仕組みを作りだして代えていく必要があります。

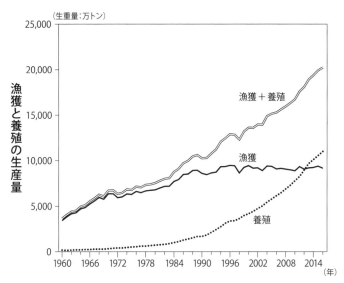

（生重量：万トン）

図 33-1　世界の漁獲と養殖生産量の推移（出典　水産庁）

　二つ目は，現在の海産魚の養殖は，ほとんどが穏やかな内湾で行われていますが，内湾は広さが限られていて，しかも外海との海水交換が十分に行われないため，食べ残された餌や糞などによる汚染が避けられません。その解決には海水交換が良く，面積の広い外海に面した場所や，あるいは陸上での養殖技術を開発する必要があります。

　三つ目は，現在，養殖に使われている品種は，野生種か野生種を掛け合わせて作りだした雑種で，家畜や家禽のように人工飼育に適し，市場で評価される性質をもった品種「家魚」（筆者が命名）が開発されていないことです。成長が早く，肉質が人々に好まれる「家魚」品種をつくりだし，さらに逃げ出しても野生種と交雑しない工夫が必要です。そのためには「家魚」として最も適当と思われる代表的な魚種を選び出し，それらの「家魚」の品種を作る必要があります。

　イワシ・サンマ・アジ・ニシンなどは比較的大量に漁獲され魚価も安いので，当分は漁獲を利用することになり，養殖生産にはなじみません。ニシンなどは，種苗を放流して自然の下で成長したもの（栽培漁業）を利用しています。

　今や，陸上では家畜と家禽が中心で野生動物の利用はほとんどありません。しかし，魚では資源を維持しながら天然魚の利用も同時に進め，足りない分を養殖でまかなうという方向が自然です。

養殖のメリットは
何ですか？

　養殖にはいくつかのメリットが考えられます。

　第一のメリットは，何と言っても計画的に生産できるため，収穫が安定していることです。採卵時期や種苗の収容尾数を計画的に調整することで，出荷量やサイズ，肉質などの計画的な生産が可能です。旬の時期でなくても味が保証でき，個体差の少ない変わらない品質が保てます。

　第二のメリットは，養殖では沖合に向けて船を出す必要がないので運航費が少なく，漁に伴う危険や，捕獲時の損傷による劣化も避けられます。天然魚では，多くの場合，漁船が必要で，燃料や維持管理などに費用がかかります。

　第三のメリットは，人工種苗を利用すると天然魚の保全につながります。特に，完全養殖ではその効果は抜群です。

　第四のメリットは，品種改良によって，成長，耐病性，生産性の改善，低魚粉に適応した魚種が開発できますから，生産効率がよく，天然資源への依存を少なくした生産が可能ことです。種によっては天然よりも成長を大幅に早めることもできます。

　第五のメリットは，親魚から，卵，仔魚，稚魚，成魚まで履歴が完全に記録され，製品までのトレーサビリティーと安全性を保障できることです。

　第六のメリットは，品種改良，餌，飼育法を工夫して消費者が好む魚を作りだすことができ，ブランド化しやすいことです。

　しかし，一方でデメリットもいくつかあります。

　第一は，養殖用の生け簀や水槽など，必要な施設の建設とその維持管理費がかかることです。

　第二は，餌代です。かなりの量の餌が必要で，その費用負担

のわりに売値は高くなく，薄利多売となり，安定した利益を生み出すには，綿密なコスト削減や年間を通した販売先の確保が必要です。日本国内で行われている養殖では，総費用に対する餌代はブリで63〜67％，マダイで59〜65％と大きな割合を占めています。

　第三は，環境汚染です。餌の過剰投与や過密養殖などで周辺の富栄養化など水質や底質の汚染がおこります。

　第四は，天然の魚類資源の減少を加速する問題です。現状では完全養殖に成功している海産魚は少なく，多くは天然の稚魚を捕獲して蓄養養殖しています。特に，マグロ類，ウナギ，ハマチでは養殖に使う天然の稚魚の捕獲が資源減少の原因の一つと言われていますし，養殖の餌の一部に使われるマイワシ・カタクチイワシ・サバなどは天然魚の漁獲で魚類資源の直接的な減少につながります。

　第五は，日本の消費者は天然物志向が強く，養殖物への不安から不信感があります。しかし，実際には養殖では安全性を確保するために食品衛生などを含めて様々な法規制があり，さらに養殖業者は餌の改良など食味の改良に取り組んで品質の向上に努めています。まだ消費者の十分な理解が得られていないという問題があるのです。

　上に挙げたデメリットのいずれも，技術開発あるいは消費者の養殖魚に対する正しい理解が得られれば解決できる内容です。

完全養殖が理想というのはなぜですか？

「完全養殖」は誕生から次世代への継続まで一生をすべて人の管理の下で行うことです（**図35-1**）。例えば，魚では人工環境の下で継代飼育した成魚から採卵して人工孵化させた成魚から卵を採り人工孵化させて販売できる大きさにまで育てます。つまり完全養殖では，野生個体と交わる機会はありません。完全養殖技術が確立すれば，絶滅に瀕している種も養殖で大量に生産でき，仮に天然の種が絶滅しても養殖でその種を継代維持することが可能です。完全養殖が理想と言われる理由は，継代飼育された品種の人工種苗を使うため，天然の種苗や親が必要なく，したがって天然資源を減らすことがなく環境にやさしいためです。ちなみに，天然種苗を利用するのは蓄養養殖です。また天然の親から人工的に種苗を作って行う養殖も完全養殖ではありません。

完全養殖の技術を確立するには，対象種の餌，水温，明るさなど，生活と繁殖に必要な生態情報が必要です。そうした生態

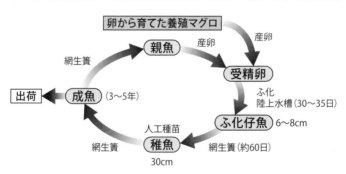

図35-1　クロマグロの完全養殖の概念図（出典　近畿大学水産研究所ホームページ）

解明には経費がかかり，また親魚の継代飼育と稚魚の生産にもかなりの費用負担が伴います。そのため，完全養殖で生産される魚はコスト高になり，天然産に比べて高額になりすぎると事業化できません。

　これまでに，ナマズ，サケ科，コイ科，アユ，マダイ，トラフグ，浅海性のエビなどで技術が確立し，完全養殖での生産が行われています。一方，食用としてなじみのイカ，タコ，サンマ，イワシ，アジ，海生カニ類，カキなどでは，市場単価が安かったり，需要が限られていたり，あるいは生態解明が難しかったりして，完全養殖は行われていませんし，技術開発もまだです。

　完全養殖のメリットは，何と言っても交配を重ねて養殖にとって都合の良い性質をもった実用品種を生み出し，それを利用して市場の要求に合う魚を人工環境下で速やかに大量に，しかも計画的に生産できることです。実用品種に期待される性質としては，成長，外部形態，色調，肉質，繁殖力，飼料効率，環境耐性などです。中でも成長速度，飼料の利用効率の良さ，感染症のかかりにくさなどが関心をもたれます。遺伝子操作技術を使えば，交配よりも速やかに実用品種を作り出すことができます。自然界で群れを作らない魚の大量漁獲は難しいですが，完全養殖を使えば容易に大量生産が可能です。

　完全養殖は，人工飼育なので，どんな環境でどんな餌を食べて育ったかなどの生産履歴がすべて把握できるのでトレーサビリティーも完璧というメリットもあります。

　しかし，海産魚の完全養殖は必ずしも容易ではありません。

種苗生産，特に孵化後の稚仔の育成が難しいのです。と言うのは，海産魚の多くは細かい卵を大量に産むため，孵化したての稚仔のサイズが小さく，しかも卵に含まれる栄養が少ないので，孵化後1週間程度で稚仔自体が回りから餌をとらなければなりませんが，適当な餌が容易には見つからなかったのです。1960年代初頭，伊藤隆氏によって稚仔の餌としてシオミズツボワムシの適用性が示され，また海産クロレラを餌としてワムシが容易に飼育できることが明らかになると，一部の海産魚の養殖の技術開発が一気に進みました。

　また，完全養殖はメリットばかりではありません。先に述べた費用負担もデメリットの一つですが，それ以外にいくつかあります。中でも深刻なのは，実用品種が自然界に逃れて野生種と交配し，野生種個体群の遺伝子を撹乱する問題です。これを防ぐには養殖施設を工夫して逃亡しないようにするか，万一，逃亡しても野生種と交配しない工夫が必要です。サケでは不妊化処理をして生殖能力を持たない3倍体の雌を利用するなど工夫はされていますが，未だ完全ではありません。海産魚の効果的な不妊化処理法はまだ確立されていません。

　さらに，完全養殖の世代を重ねると，養殖しやすい性質をもった遺伝子集団になって遺伝的な多様性が乏しくなり，環境ストレスや感染症への耐性が低下するといった問題があります。それを防ぐために，養殖雌と野生雄を交配させて次世代の種苗をつくり，遺伝的多様性の維持をはかることも行われています。

　完全養殖技術が確立し，容易に養殖できるようになると，当然のことですが収益性の高い種に人々の関心が集り，多くの人

がこぞって養殖するため，生産過剰といった問題が起こります。健全な養殖生産を維持するには，消費市場の動向を見ながら，場合によっては新しい消費市場を開拓して養殖生産を進めていかなければなりません。その点では，養殖生産量が天然産（漁獲）の3倍以上になっても特段の価格破壊を起こさないノルウェーのサケでの養殖の生産と販売戦略が参考になります。

養殖魚は安全と言われていますが，本当ですか？ Question 36

　日本では，天然魚が好まれ，養殖魚は「何を食べさせているか分からない」「抗生物質や抗菌剤が残留している」などといった安全性への懸念がもたれています。しかし欧米では人々の反応は全く逆で，養殖魚は「素性がはっきりしているから安全」だけれども，天然魚は「何を食べているか分からない」「有害物質の汚染の危険がある」と敬遠されがちです。ここでは，養殖魚の安全性について整理してみます。

　養殖魚の安全性は，原因が自然のものと，人が関係するものがありますが，どちらも人が管理を徹底すれば安全性が高まります。

　自然が原因なものは養殖に用いる水が関係し，例えば養殖水域で貝毒プランクトンが発生すると，ホタテ，カキ，アサリ，イガイなどが貝毒生物をとりこんで汚染します。また，排水処理場から排出されたノロウイルスや劇症肝炎ウイルスなどで養殖カキが汚染されるのも同じような例です（**図36-1**）。これらはプランクトンなどの微小粒子を餌として利用するろ過捕食性動物で起こ

図36-1　生活排水に含まれているノロウイルスが水処理施設を経由して水域に供給され，養殖生産物を汚染する仕組みの概念図（提供　鳴島ひかり氏）

ります。こうした自然が原因で起こる養殖生物の汚染は極めて限られていて，対策もしっかりしているので心配はありません。また，この種の問題は魚ではほとんどないと言ってよいでしょう。

給餌養殖では，水中の限られたスペースで魚などを高密度で飼育するので，自然水を利用すると感染症や寄生虫などにかかりやすくなります。タンクなどの隔離養殖では，海水をあらかじめ滅菌処理して供給すれば，外からの感染症や寄生虫の持ち込みは防ぐことができます。しかし，自然水中の網生簀では，感染の可能性は避けられません。これを防ぐ目的で抗生物質・抗菌剤・駆虫剤などの化学薬品を餌に加えて与えますが，そうした添加薬物が，養殖魚の体内に残ると安全性が下がります。例えば，食べた魚を通して抗生物質が人の体内に持ち込まれると，細菌や菌類の感染症への抵抗力の低下する原因になります。

ノルウェーでは 2013 年に 130 万トンのサケの生産に 972 キロの抗生物質が使われ，チリでは 2014 年に 89.5 万トンのサケに 563,200 キロの抗生物質が使われました。これはサケの生産に対してチリではノルウェーの実に 940 倍の抗生物質が使われた計算です。ノルウェーでの抗生物質使用量が少なかったのは，細菌感染を防ぐワクチンを開発して使用したためです。一方，チリでは，水産養殖のワクチン開発が進まず，また抗生物質の使用上限も必ずしも徹底していませんでした。ワクチンは抗生物質とは違い感染症を予防するもので，対照とする病原生物の作用に特異的に働き，水中での残留性も少ないので影響はないか，あってもごく限られます。

日本で行われているハマチ・マダイ・トラフグ・マグロ・ウナギ・アジ・エビなどさまざまな養殖魚では，抗生物質を始め多様な化学薬品が使われていますが，農林水産省が水産動物ごとに養殖に使用可能な水産用医薬品の種類を決め，用法・用量・使用禁止期間・休薬期間と使用上の注意を細かく定めていて，違反した場合には生産物の回収・廃棄や担当者が処罰されます。加えて日本では，様々な感染症のワクチン開発も進んでいて，抗生物質の使用量が少なくなっています。

　また，抗生物質などの化学物質とは異なりますが，養殖魚でも天然魚と同じく難分解性有機汚染物質（POPs）による汚染の可能性があります。それはイワシ・サバなどの天然の小魚を餌に使用すると，それらが含んでいるPOPsなどの化学物質が養殖魚にとりこまれるからです。ただ，これまで実際に問題は報告されていませんし，天然魚を餌に使用する量は年々少なくなっていて，代わりに大豆・トウモロコシなどの植物性タンパク質とそれらに不足している特定化学物質の利用が進んでいるので，将来的に問題となる可能性は少ないと思われます。

　以上のように，養殖魚は行政を始め生産者と消費者が安全性を十分に考えて汚染を回避あるいは少なくしているので安全性は高く保たれています。事実，肉類では人が安全基準をつくり，それに則った生産が行われて我々に安全性の高い肉類が供給されています。そこには安全性をより高めるために，日夜関係者のたゆみない努力があります。養殖でも安全性の管理が日々向上し，より安全性の高い魚が供給されています。

ウナギの完全養殖がなかなか
実現しないのはなぜですか？ Question 37

　日本で食べられているウナギは99％以上が養殖（蓄養養殖）で，天然ウナギはごくわずかしかありません。ウナギの養殖は，まず天然のシラスウナギを獲り，それを養殖池に入れて給餌して育てます。しかし，天然のシラスウナギの採捕数が年々激減し，これまでのようにウナギを食べるためにはシラスウナギを人工的に作り出す必要性が出てきましたが，産卵可能な雌や，受精に必要な雄は天然では容易には手に入らないのです。そこで，人工的に成熟した雄と雌を作り出し，それらからウナギの稚仔を得ることが考えられました。

　ウナギの完全養殖は2010年に世界で初めて水産研究・教育機構（水研機構）が成功し，その後，民間の株式会社　いらご研究所でも成功しているのですが，まだ人工シラスウナギを使った養殖事業は始まっていません。というのは，当初，1匹のウナギの値段が数百万円以上になり，技術開発が進んではいますが，まだ商業生産ができる段階までコストダウンが進んでいないのです。

　最大の問題は，孵化して7日後からウナギの仔魚に与える餌です。孵化したての仔魚は体長3ミリほどで，餌を採り始める孵化7日後でも大きさは6ミリほどしかありません。ウナギの孵化は1973年に北海道大学の故山本喜一郎博士らが世界で初めて成功しました。その後，多くの研究者が7日齢仔魚の小さい口に合う餌粒の大きさ，栄養素，消化性など，考えられる問題を次々とチェックしていったのですが，見つかりませんでした。やっと，凍結乾燥したアブラツノザメの卵の粉末を与えた時に，ウナギの仔魚が食べたのです。仔魚はレプトケファルス

幼生まで成長し，2002 年の春には体長が 5 〜 6 センチのシラスウナギにまで成長しました。それまでに実に 30 年近い歳月が費やされたのです。

しかし，仔魚の生残率は必ずしも良くなく，例えば体長約 12 ミリの孵化 28 日齢仔魚 1,000 尾は，43 日齢仔魚（18 ミリ）で約 100 尾，50 日齢仔魚（約 20 ミリ）で約 29 尾と急速に数が減ります。さらに，アブラツノザメは絶滅危惧種なので，大量に種苗を作るために別の餌を探さなければなりません。最近，鶏の卵黄で良い結果が出ているようです。

餌に加えて，飼育環境では 90％以上が雄になり雌が極めて少なく，多くの雌を得るために雌化を促すホルモン処理，それと良質な卵が得られるように成熟や排卵を促進するホルモン投与のタイミング調査が進められています。

さらに，現在の方法では孵化後の稚子への給餌は 2 時間に 1 回で，その都度，水槽の掃除が必要で，それによる人件費も課題です。

日本では年間に 1 億尾ほどのシラスウナギが養殖に使われていますが，現在のところ人工シラスウナギが供給できる唯一の水産研究・開発機構増養殖研究所が作れるシラスウナギは 2018 年時点で 1,000 〜 2,000 匹程度です。

シラスウナギから先の養殖は，これまでに天然のシラスウナギの豊富な養殖の経験と知識があるので，ウナギを安心して食べ続けるためには元気なシラスウナギをそれなりの価格で大量に供給することがポイントです。人工シラスウナギの大量供給の開始がいつ頃になるかというはっきりした予測は，現段階で

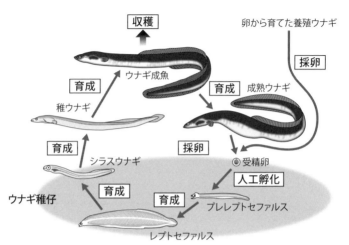

収穫

卵から育てた養殖ウナギ

採卵

育成 ウナギ成魚

育成 成熟ウナギ

稚ウナギ

育成

採卵

育成 シラスウナギ

◉受精卵

人工孵化

ウナギ稚仔

育成

育成 プレレプトセファルス

レプトセファルス

図 37-1 ウナギの完全養殖の概念図

はできませんが，専門家の話を総合するとそんなに遠い先では
なさそうです（**図 37-1**）。

養殖の種苗はどうやって
手に入れるのですか？ Question 38

　養殖用の種苗には天然と人工があります。

　天然種苗は，自然界から調達するもので，モジャコ（ブリ），ヨコワ（クロマグロ），シラスウナギ（ウナギ）などです。モジャコは岩場に着生していたホンダワラなどの海藻が切れて離れて洋上を漂う流れ藻の陰についている 15 センチ以下の稚魚で，4 〜 5 月頃に九州西，対馬海流，黒潮域ですくいとって集めて養殖し，ハマチとして出荷されます（ハマチは 30 〜 60 センチの大きさのブリの呼称ですが，養殖したものは大きさに関係なくハマチと呼ばれます）。ヨコワはクロマグロの幼魚で，秋に洋上で引き縄や一本釣りあるいは施網で採捕します。釣りは大きさが体重 100 〜 500 グラム，施網は 2 〜 5 キログラムサイズです。クロマグロの資源量は限られているので，ヨコワの採捕量は規制されています。将来的には人工種苗の割合が多くなると思われます。日本ウナギはマリアナ海域で孵化し，稚魚が黒潮に乗って北上し，冬から春には長さ 6 センチで重さ 0.6 グラムほどのシラスウナギになって台湾，中国，日本列島沿岸に来たものを，採捕して養殖します。しかし，資源量が著しく減少し，人工種苗の技術開発が待たれています（**Q37** 参照）。

　人工種苗には二通りあり，一つは天然親から人工的に採卵・受精・孵化させて稚魚まで育てたものです。全国の栽培漁業センター，漁業協同組合，民間企業などが養殖用の人工種苗生産を進め，多種多様な生産技術が開発され，人工種苗が養殖業者に供給されています。実際に養殖されているものは，魚類ではマダイ，トラフグ，ヒラメ，シマアジ，クロダイ，カレイ類，

ハタハタ，ニシン，アユ，ニジマス，ギンザケ，クロマグロ，カンパチなど，甲殻類ではクルマエビ，ヨシエビ，クマエビ，ガザミなど，貝類ではアワビ類，ホタテガイ，アサリ，サザエ，カキなど，その他としてウニ類，マナマコなどです。

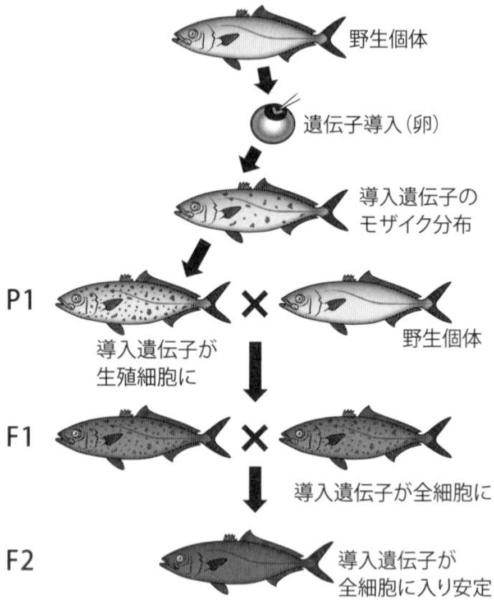

もう一つの人工種苗は，人工的に継代飼育されている親から作られる種苗で，完全養殖用です。

図 38-1　遺伝子導入による人工品種の作り方

種苗は，成長が速やか，高い餌の利用効率，魚粉・魚油の必要性が少ない，生残率が高い，姿形が良い，病気の感染はないなどの性質をもったものが選抜育種されます（**図 38-1**）。ですから，種苗の遺伝子組成は野生種とは大分変わっています。筆者は，これを「家魚」（**Q33** 参照）と呼ぶことを提案しています。家魚まで品種改良が進んでいる例は，ニシキゴイ，大西洋サケ，などで，それに近づいているのがアユ，ニジマス，マダイなどです。

養殖にはどんな餌が
使われますか？

魚の養殖が始まった当初はサバ・イワシ・アジなどの天然の海産小魚の生餌（いきえ）が使われました。しかし，生餌は魚種や獲れる時期によって栄養成分が大きく違い，傷みやすく，特に内臓は腐敗しやすいため，安定した品質の養殖魚を作り出すことが難しく，また養殖場の環境汚染の原因にもなりました。

そこで1980年代に生餌に魚粉などの配合飼料や飼料用の添加物などを混ぜたモイストペレット（MP）が工夫されました。MPは生餌に不足している栄養素を加えて栄養バランスを安定させ，粒状で魚が食べやすく，漁場の汚染の軽減にもつながりました。しかし，MPは保存が難しいという難点がありました。1990年代になると，魚粉などの餌の原料を混ぜてから粒状にして乾燥したドライペレット（DP）が開発されました。DPは工場で大量生産でき，保存して各地に送られて使われました。さらに，エクストルーダーという特殊な機械を使って作るエクストルーダーペレット（EP）が開発されました。EPは，高温高圧下で餌粒を乾燥して多孔質ペレットに成型する際，材料の大豆などに含まれる魚の成長阻害成分が熱で破壊され，消化吸収の悪い栄養成分も利用しやすくなり，より良質の餌が作り出されます。EPの多くは円柱形で大きさを直径2〜4ミリから20〜25ミリまで任意に調整して作ることができるので，養殖魚の大きさに応じて使い分けできます。また，多孔質のEPは，養殖生簀や水槽に給餌すると，水がしみこむまで海面に浮いていて，魚が食べやすくなります。

以上の4種類の餌の中で，多くの手がかかっているEPが最も値段が高く，付加価値の高いマダイ・ギンザケ・ヒラメ・ト

ラフグ・クルマエビ・アユ・コイなどで使われています。ブリ類の餌はMPが多く，餌の材料には国内産の生餌と輸入魚粉の時価を考えて，それぞれの使用量が決められています。また，マグロは生態や生理機能がまだよく分かっていないため，自然界でマグロが実際に食べている浮き魚をそのまま生餌で与えています。

　以上のいずれも餌の原料の大部分は海産小魚です。しかし，世界の多くの種の漁獲が低迷し，それを補うために養殖が増えている現状で，生産物の何倍もの餌が必要な養殖に海産魚を使い続けることは不可能です。ちなみに養殖で魚を1キログラム大きくするには，数キロ〜数十キログラムの餌が必要で，例えばブリでは約5キログラム必要と言われます。さらに，天然小魚はマグロ・ブリ・サケなど魚食魚の餌になっているので，それらを漁獲するとその分の天然の魚食魚が少なくなる問題もあります。そこで海産魚に代わる餌を探す必要性が出てきました。肉食の魚食魚は，草食の陸上動物に比べると多くのタンパク質が必要で，そのため餌には魚粉のように高タンパク質で海産動物のアミノ酸組成に近い原料が求められます。魚粉に代わる高タンパク質の餌の原料には，大量に必要なことから人が生産できる作物が考えられました。

　候補にあがったのは，タンパク質を多く含む大豆，トウモロコシ，ポテトプロテインです。現状では，油やデンプンを取り出す際の副産物で価格も魚粉の半分以下です。しかし，これらで魚粉を置き換えればすむといった簡単な話ではありません。というのは，大豆やトウモロコシなどの植物性の餌だけでブリ

やマダイを飼育すると，3か月ほどで成長が止まり，緑肝症にかかってしまうのです。植物性の餌には，タウリン（含硫アミノ酸様化合物，**図39-1**）などの必須栄養素がほとんど含まれていないためです。実際に植物性タンパク質にタウリンを加えて魚に与えると症状が軽くなりました。ちなみに，乾燥した魚粉100グラムには0.5〜0.8グラムのタウリンが含まれています（**表39-1**）。

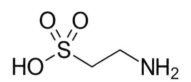

図 39-1　タウリンの化学構造式

表 39-1　魚介類などのタウリンの含有量

種　類	タウリン含有量 （ミリグラム/ 百グラム （乾重））
ワ　ム　シ	80〜180
マ　イ　ワ　シ	150
マ　ア　ジ	200
毛　ガ　ニ	330
カ　キ	450
マ　ダ　コ	500
カツオ血合肉	800
ハマチ血合肉	620
ノ　リ	1,400
魚用配合飼料	400〜460

　しかし，タウリンを養殖魚の餌に加えるには，日本ではもう一つ課題がありました。それは，国の規制で餌に添加できるのは天然タウリンに限られていたことです。天然タウリンは1キログラムが数万円と高価なため，とても養殖魚の餌には利用できませんでした。一方，合成タウリンはエチレンを原料として工業的に大量生産でき，価格は天然産の数十分の一です。2009年6月23日付の農林水産大臣通

達でやっと合成タウリンが使用できるようになり，植物性タンパク質の代替えが進み，今では養殖魚の餌の魚粉の割合は20％程度にまで少なくなりました。

　さらに，植物性タンパク質はアミノ酸バランスが魚粉と違うため，穀物や大豆といった異なったアミノ酸バランスの複数の材料を混合してバランスを調整する必要があります。加えて，タウリン以外にも，特に仔稚魚にはドコサヘキサエン酸（DHA）などの栄養素が必要です。こうした工夫が進めば，近い将来，全く魚粉を使わない良質の養殖用の餌が生まれるに違いありません。

　養殖では餌代が大きな割合を占めています。例えば，国内で行われている魚養殖で総費用に対する餌代の割合は，ブリで61％，マダイで64％程度です。ですから餌には質の良さと，あわせて安さが求められます。魚粉は，漁獲に対して需要の伸びが大きく，1993〜94年にはトン当たり約400ドルだったのが，2014年には1,921ドルと5倍も高騰し，値上がりの傾向は続いています（ column 4 参照）。

　魚粉の減少→価格高騰が原因で，養殖用の餌として人の手によって生産される植物材料の利用が注目されるようになりましたが，それは様々な養殖餌の工夫の道を開きました。当初は，魚粉と同じ効果が期待されましたが，次第に魚粉のみでは難しい，あるいは不可能な速やかな成長，消費者の好む肉質の工夫，最少の給餌量，環境汚染の低減などといった多様な餌を考える新しい養魚餌の世界が開かれつつあります。

内湾での養殖の問題は
何ですか？

　海での養殖は魚などを対象とした給餌タイプと，海藻や貝類などの無給餌タイプがあり，どちらも主に内湾で行われています。特に，内湾は外海に比べると陸に囲まれていて静穏で，荒天時の養殖施設の損傷や，魚の逃亡が少なく，作業アクセスにも恵まれているため，養殖には適しています。2002年の国内の養殖生産133万トンのうち，給餌タイプは20％，無給餌タイプが80％を占めます。魚の養殖が次第に増えてきている関係で，給餌タイプが少しずつ増加しています。

　しかし，給餌タイプはいくつかの深刻な問題を抱えています。内湾は外海との海水交換が限られているため，給餌養殖で餌を与えると，食べられなかった餌や，糞などの排泄物が，内湾に溜まってそれによる水質汚染で赤潮・青潮・貧酸素などの問題が起こり，養殖魚が病気や寄生虫の影響を受けて品質を落とすだけでなく，死滅してしまう場合があります。かと言って，餌と一緒に抗生物質や消毒などの薬物が与えられると，内湾に拡散して水質を汚染します。つまり，給餌養殖では，まず漁場の劣化が問題です。

　漁場の劣化を最小にするために，国は1999年に「持続的養殖生産確保法」を制定し，「漁業協同組合などによる養殖漁場の改善を促進するための措置」と「特定の養殖水産動植物の伝染病疾病の蔓延の防止のための措置」を進め，漁業者に漁場改善計画を立てさせ，それを都道府県知事が認定する仕組みを作りました。漁場の劣化を防止するには，環境に放出される有機物，いわゆる環境負荷量を減らさなければなりません。それには，①養殖魚を適正密度に抑えることと，②残餌を極力少なく

するような適正給餌が基本です。理屈ではそうですが，これを徹底すると生産原価が高くなってしまうので，簡単ではありません。もう少し積極的な環境負荷軽減策として，養殖漁場でコンブ，ワカメ，ヒロメ，アオサなどの海藻類を育てて過剰な窒素やリンを吸収し，それをメガイアワビやトコブシなどに食べさせて収穫するという，いわゆる複合養殖が提案され，少しずつ普及しているようです。

　漁場の劣化とは別のもう一つの深刻な問題は，内湾の面積が少なく，今後増加が予想される養殖を支えることができないことです。解決策として考えられているのが沖合養殖と陸上養殖（**Q43**で一部紹介）です。沖合養殖は，養殖用の生簀などを沖合に設置して養殖するものです。沖合の面積は内湾に比べると無限と言っていいほど広く，そのうえ，流れがあるために給餌残滓や薬品類は流れによって運ばれて拡散し，局所的な汚染の心配はありません。きれいな環境で養殖できるので，汚染のない安心・安全な水産物が得られます。しかし，沖合は利点ばかりではありません。沖合は内湾に比べると養殖施設の設置場所までの距離が長くなって時間と経費がかかり，また荒天時には危険で人は養殖施設に近づけません。さらに，荒天でも被害を受けない頑丈な養殖施設が必要で，経費負担が大きくなります。そのため，沖合養殖用の施設は内湾のように海面に浮かすのではなく，水中に設置する方法がとられます。沖合養殖は，ハワイやヨーロッパでかなり早くから着目されて技術開発が進められてきました（**図40-1**）。

図40-1 沖合海中養殖の生簀とその中の様子
　（上）ハワイ島コナ沖に写真のような金属製の球状の生簀を係留索な
しの浮遊状態で投入し（沖合海中養殖），8ヶ月間カンパチ養殖を
行った（提供　Rick Decker）
　（下）ハワイ島コナ沖約12キロの水深180メートルに係留設置した
海中生簀内（沖合海中養殖）の養殖カンパチの様子（提供　Ocean
Era 社，Jeff Milisen, Neil Sims）

　FAO がまとめた 2004 年の魚のグループ別の世界の養殖生産量（**表 41-1**）を見ると，淡水のコイ類が全養殖生産の 44.5％を占め圧倒的です。淡水ではコイ類以外には見るべき生産を上げているグループはありません。

　一方，海では淡水のように突出したグループは見られず，養殖生産量ではカキ，イガイ，ホタテなどの二枚貝が全体の 28.5％で最も多く，魚類は 4.8％でグループ別では最少です。貝類は殻の重さも含みます。海水と淡水をまとめると，はっきり魚類と分かるのが 53.7％，貝類が 28.5％，エビ類が 6.0％です。先に紹介したように，養殖生産ではコイ類がずば抜けて多いため，養殖生産全体では淡水産が 58％以上を占めています。

　2014 年の世界の養殖生産量（**表 41-2**）でも依然として淡水魚養殖が全体の 60％近くを占めて圧倒的な多さで，その大部分がコイ類です。次いで多いのが，全体の 21.5％を占める海産軟体動物です。これには，一つにはアサリ・カキ・ホタテ・イガイなどの貝類が殻を含んだ重量になっていることと，もう一つは中国での大量のナマコの養殖生産が効いています。海産魚の養殖は全体の 8.5％にすぎません。養殖生産全体でみると 67％が魚類，22％が貝類，10％弱がエビ類です。どれもみな生産量は毎年増えていますが，中でも最近はエビ類の増加が顕著で，次いで魚類です。売り上げでは生産量が 10％程度のエビ類の付加価値が高く 22％以上を占めます。魚類の売り上げの割合は 63.5％なので，生産量での占める割合より若干少なく，一方，貝類の生産量は多いのですが，貝殻が重く重量

表 41-1 2004 年の世界の魚介類の養殖生産量（FAO, 2006）

グループ	環境	養殖生産量 （千トン（生重））	%
コ イ 類	淡 水	18,304	44.5
カ キ 類	海	4,604	11.2
二枚貝（ザルガイ, フネガイ）	海	4,117	10.0
その他の淡水産魚介類	淡 水	3,740	9.1
エ ビ 類	海 / 淡水	2,476	6.0
サケ・マス類, キュウリウオ類	海	1,978	4.8
イガイ類	海	1,860	4.5
ティラピアなどカワスズメ類	淡 水	1,823	4.4
ホタテ類	海	1,167	2.8
その他海産軟体動物	海	1,065	2.6
合　　計		41,134	99.9

表 41-2 2014 年の世界の魚介類の養殖生産量（FAO, 2016）

グループ	環境	養殖生産量 （千トン（生重））	%
魚　　類	陸	43,599	59.0
	海	6,302	8.5
甲　殻　類	陸	2,745	3.7
	海	4,170	5.7
軟 体 動 物	陸	278	0.4
	海	15,835	21.5
そ　の　他	陸	521	0.7
	海	373	0.5
合　　計		73,784	100.0

当たりの価格が安いために売り上げへの貢献度は下がります。エビ類は重量当たりの単価が高いので売上に占める割合は大きくなります。

　最近，ノルウェーとチリが養殖魚介類の生産量で上位につけていますが，これはサケ・マス類の養殖によるものです。1987年には年間の生産量は5万トンほどでしたが，13年後の2000年には50万トンに達しています。ノルウェーのサケの完全養殖がチリを刺激し，1990年頃からチリでサケ・マスの養殖が始まり，2000年には年間35万トンの生産を上げています。さらに2014年には，ノルウェーとチリのサケ・マスの養殖生産量はそれぞれ133万トンと96万トンで，世界1位と2位です。

　完全養殖では，養殖に必要な条件を人工的にコントロールできますから，生産や出荷は市場をみてかなり自由に調整できます。完全養殖の技術が確立していない種では，一連の養殖過程で天然種苗の確保などで人の手の及ばない部分があるので，生産や出荷は必ずしも思い通りにはなりません。

　1990年頃は，世界中で消費されるサケ・マスの75％が漁獲によって得られ，養殖は25％にすぎませんでした。ところが，22年後の2012年には，状態は完全に逆転し，漁獲が25％，養殖が75％になっています。サケ・マスの養殖が漁獲を大幅に上回ったのは，ひとえに養殖に適した人工品種を生み出し，それを利用した完全養殖技術ができたからです。完全養殖のできる魚介類は，市場が必要とすれば際限なく生産することが可能です。資源を自然に負っている漁獲ではこれは不可能

です。

　サケは，世界中の人々から親しまれる人気の魚で，ノルウェーでは 40 の河川から雄と雌の大西洋サケを得て，7 代にわたって継代飼育し，多くの個体を掛け合わせ，成長が早く，少ない餌で育ち，病気に強く，美味しいといった性質をもった人工品種（筆者は家魚と呼ぶことを提案）を生み出しました。今後も品種改良の工夫は続けられます。

　世界的な魚需要の高まりを支える中心は養殖をおいて他にありません。そのためには，消費者が好む魚を厳選して家魚とし，それらの人工品種をつくって完全養殖技術を確立し，人工種苗生産を行う必要があります。家魚の作出と維持管理は大変な作業なので，やみくもに家魚を作るのではなく候補を絞って努力の集中が必要です。ポール・グリーンバーグは，サケ，スズキ，タラ，マグロの四つを家魚の代表グループとして提案しています。これらは多様な魚を代表する特徴的な種で，日本のスーパーにいつも並んでいる馴染みの魚で，これらを家魚の候補として品種改良していくことは当然でしょう。グリーンバーグは家魚ではなく"産業種"と呼んでいます。この内，サケは家魚化が最も進んでいますし，マグロも品種改良段階です。このほかに日本で人気のあるカレイ・ヒラメ・ウナギなども家魚化が必要です。ウナギは完全養殖に成功し，初期稚仔の給餌方法の改良と技術開発待ちです。また，イワシ・ニシン・アジ・サバなどの青味魚も忘れてはなりませんが，これらは今のところ漁獲が多く魚価が安く養殖生産するのは時期尚早なので，家魚の候補を選ぶのはまだ先の話です。

家魚の候補が決まったら，家魚に求められる性質を考えることになります。それらは，

　①　成長が早く養殖期間が短い
　②　餌の利用効率が高い
　③　魚粉や魚油の使用量が少ないか不要
　④　養殖期間を通しての高い生残率
　⑤　市場価値の高い姿形のよいもの
　⑥　疾病に強く寄生虫にかかりにくい

などです。

世界の養殖事情はどうなっていますか？

　世界の魚の養殖生産量は，1950年代の初めは年間100万トン（生重）以下でしたが，年々10％近い増加率で増え，2004年には4,550万トンと漁獲の半分に達し，34年間で15倍以上増えました（**図42-1**）。その間の漁獲の増加は年1.2％，畜産による食肉生産の増加は2.8％ですから，動物性タンパク質の生産では養殖の急成長が目を引きます。ちなみにこの間の世界の人口増加は年1.6％でした。一人当たりの動物性タンパク質の消費量は1970年の0.7キロから2004年には7.1キロと年7.1％の高率で増えましたから，養殖生産の増加が大きく貢献したことは間違いありません。

　2014年には養殖生産量は7,378万トンに達し，海産36.2％，内水面産63.8％で，内水面産が圧倒的な多さです。

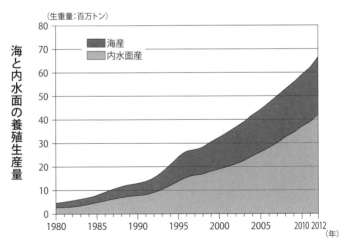

図42-1　世界の海と内水面での魚の養殖生産量の推移（FAO, 2014）

Q2 で紹介したように，漁獲では内水面産が 10 数％しか占めていないのとは対照的です。また，2014 年には養殖が漁獲を超え，以来，年々養殖が漁獲を引き離しています。

養殖の盛んな地域は世界的に遍在していて（**表 42-1**），漁獲が世界中で行われているのとは対照的

表 42-1　世界の養殖生産量の多い国（FAO, 2016）

順位	国　　名	養殖生産量	
		千トン/年	％
1	中　　国	45,469	61.6
2	イ　ン　ド	4,881	6.6
3	インドネシア	4,253	5.8
4	ヴェトナム	3,397	4.6
5	バングラディッシュ	1,957	2.7
6	ノルウェー	1,333	1.8
7	チ　　リ	1,215	1.6
8	エジプト	1,137	1.5
9	ミャンマー	962	1.3
10	タ　　イ	935	1.3

です。2014 年の魚の養殖生産量では，アジアが 88.9％を占めて断トツに多く，その他は南北アメリカ 4.5％，ヨーロッパ 4.0％，アフリカ 2.3％，オーストラリア 0.3％の順です。

養殖の盛んなアジアの中でも中国の生産量が突出していて，2014 年には世界の生産量の実に 61.6％を占めています。内水面の魚養殖が多く，主にコイ科の魚です。次いで，ナマコを主とする軟体動物が 28.8％，エビ・カニ 8.8％と続きます。海産魚は少なく，養殖生産の 2.6％にすぎません。

中国以外の養殖生産量は桁違いに少なく，インド，インドネシア，ヴェトナム，バングラディッシュといったアジアの国々が続きます。これらの国々も中国と同じように内水面産が 60

〜 90 ％を占めています。

　アジア以外の国では，6 位と 7 位にサケ・マス類の養殖の盛んなノルウェーとチリが入り，次いでエジプト，ミャンマー，タイと続きます。ちなみに日本の養殖生産量は 65 万 7,000 トンで第 12 位，世界の養殖生産量の 0.9 ％です。

　日本は漁獲に比べて養殖は少なく，2014 年の養殖生産は漁獲の 1/3 程度で，社会的に養殖への関心の低いのが現状です。しかし，世界を眺めると，漁獲よりも養殖生産の多い国がかなりあります。FAO が統計を取っている中では 35 カ国で養殖が漁獲よりも多く，これらの国々の人口を合わせると 33 億人で世界人口の 45 ％を占めます。ですから世界人口の半分近くが漁獲よりも養殖の多い環境で生活していることになります。養殖の盛んな国としては，先に紹介したように中国，インド，インドネシア，ヴェトナム，バングラディッシュ，エジプトで，いずれも人口が多く面積の広い，つまり内陸面積の大きな国が目につきます。養殖の盛んな国には発展途上国が多く含まれているのも特徴です。

　その他で養殖技術の進んだ国々としてヨーロッパのノルウェー，ギリシャ，チェコ，ハンガリー，アジアのラオス，ネパール，南アメリカのチリなどが含まれます。これらの国々では社会的に養殖魚への関心の高さがうかがわれます。

　ここで特筆すべきなのが，ノルウェーとチリです。ノルウェーでは 1960 年頃から政府指導で民間が中心になってフィヨルドでのサケの養殖に取り組み，日本の養殖技術も導入されました。1980 年以降になると国が主導して養殖の企業化と大

規模化が行われ，サケ養殖の事業の拡大が急速に進みました。目指されたのは完全養殖です。その結果，1982年には年間1万トンだった生産量が2012年には132万トンへと増えました。今や，ノルウェーは養殖が国を代表する産業として定着しています。その証拠に，ノルウェーの水産物の輸出は第1位の石油・ガス（66.7％）に次いで全輸出金額の6.7％を占めて第2位で，その大部分が養殖です。

南米のチリでは，1978年に日本の大手水産会社がチリ政府の協力の下でギンザケの養殖を始め，1981年に初めて養殖ギンザケを水揚げしました。ノルウェーとチリの養殖の特長は，両国ともサケ・マス類に特化していることです。2012年の記録を見ると，ノルウェーの養殖生産量132万トンの93％が大西洋サケ，6％がマスで，その他は1％しかありません。同じ年のチリの76万トンの養殖生産の内訳は，大西洋サケ51％，マス30％，ギンザケ19％です。これらの国と対照的なのが中国で，1,944万トンの海産養殖生産量の筆頭が魚類ではなく，棘皮動物のナマコで10％，その他16種（グループ）が数％かそれ以下の割合です。

2012年のノルウェーとチリのサケ・マス類の養殖生産量は208万トンで，その他の国のサケ・マス類の養殖生産量を合わせると310万トンですから，両国が67％の生産を上げたことになります。この年の世界のサケ・マス類の漁獲量は90万トンで養殖生産の1/3以下しかありませんから，サケ・マス類の養殖生産の規模がいかに大きいかが分かります。

こうしたノルウェーとチリの大量のサケ・マス養殖は，完全

養殖技術を使ったからこそ達成できたのです。と同時に，ノルウェーもチリも国が大規模企業化を支援したことが大きく貢献しています。ノルウェーとチリで開発された完全養殖によるサケ・マスの大規模生産は世界の養殖生産のリーディングモデルになり，今後，他の魚介類についてもこの方式を参考に大規模生産が実現していくことが期待されます。加えて，ノルウェーは国が主導して世界にサケ・マス類の宣伝を活発に行った結果，今では温帯はもとより熱帯に至るまで，世界中の国々でサケ・マス類への関心が高まっています。

山の中でも海の魚が
養殖できるって本当ですか？

頭打ちの天然魚の漁獲に代わって，養殖が急成長していますが，海の養殖に適している穏やかな内湾は場所が限られていて，しかも環境汚染が避けられないため，内湾以外の養殖場所が求められています。その有力候補の一つが陸上です。すでに，一部の海産魚は陸上で養殖されていて，中には養殖場の土地の入手のしやすさもあって海から離れた山の中でも行われています。その際，飼育水槽の海水は排泄物や糞などを取り除いてきれいにして再度利用する，閉鎖循環式が使われます。こうするとごくわずかの量の海水で養殖できて経済的で，特に運動性の少ないヒラメ，カレイ，トラフグ，エビ類，アワビ，ウナギなどや，このところ人気の高いサケ類が養殖されます。魚によっては海水から淡水に順化させ，淡水で養殖されています。

閉鎖循環式では，基本的に1回の生産期間中は養殖水槽の水替えは行いません。ただ，実際には水の蒸発ロスや固形排泄物に含まれる水分などの補給は必要で，1日に1〜3％程度補給されます。

例えば，トラフグでは，排水中の主な排泄物のアンモニアや糞・残滓などの汚れを処理装置で取り除き，溶存酸素を補給し，殺菌処理を徹底すると，5〜6％のかなり高い飼育密度で養殖が可能です。温度コントロールが行き届くので成長が早く，餌効率もよくなって，通常の海面での養殖に比べると，1年で成長が2倍にも速まります。陸上養殖では，赤潮や台風などの自然災害の影響は受けませんし，飼育水も精密ろ過処理するので，病原菌の侵入も完全にシャットアウトできます。また，養殖で与える餌や，薬物処理もしっかりとコントロールでき記録され

ますから，トレーサビリティーの高い安全な魚を消費者に届けられ，ブランド化にもつながります。さらに，陸上作業は，海上と比べて従事者の労力が軽くなり，効率的な作業が可能です。ろ過処理システムや温度制御装置などのトラブルは養殖魚の生死にかかわるので，十分な対策が必要です。

　課題は何と言っても費用で，通常の養殖や天然魚と競争できる値段で消費者に提供できる工夫がポイントです。養殖魚の池渡し価格は1キログラム1,000円以上が事業性の判断の目安のようです。

　新潟県妙高市の地元建設業者が中心となって，2006年に地元企業の数社と妙高雪国水産株式会社が作られ，2007年に海産のバナメイエビの養殖が山裾で始まりました。鉄骨で組んだビニールハウス内に600トン水槽を2基設置し，浄化設備で養殖水を循環浄化する完全閉鎖式です（**図43-1**）。ハワイ産のバナメイエビの稚エビを輸入し，塩分を段階的に下げた四つの水槽に順次移して淡水になじませ，最終的に淡水を満たした養殖プールで飼育します。淡水順化に使用する海水には，共食い率の低い富山海洋深層水が使われています。養殖用の淡水は消雪井戸水です。飼育水槽内には人工海藻を入れてエビの隠れ場所とし，水温は28℃で一定，定期的に波を起こしてエビの運動不足の解消を図っています。抗生物質や薬品は一切使っていません。

　バナメイエビはおよそ18週間で収穫でき，1回に6トン（33万尾）生産し，それを年に6〜8回繰り返して，年間に36〜48トン，つまり200〜266万尾生産します。"妙高ゆ

図43-1 "妙高ゆきエビ"の養殖施設（提供 IMT エンジニアリング株式会社）
外観：35 メートル× 65 メートル×高さ 11 メートルの鉄骨組ビニールハウ
ス（上），屋内に設置されているエビ養殖用の水槽（左下），エビの養殖水槽
内に波と流れをおこす装置とその稼働している様子（右下）

きエビ"の商品名でブランド化し，販売価格はキロ 3,000 円
程度です。しかし，欧米では"妙高ゆきエビ"のような「オー
ガニックフィッシュ」は社会的に高く評価され付加価値がつき
ますが，日本では輸入品や他の養殖産との差別化ができず事業
が行き詰まり，現在は閉鎖式養殖システムを設計した IMT エ
ンジニアリング社が事業を引き継いでいます。

魚の養殖に海洋深層水を使うメリットは何ですか？

　海洋深層水は，一般に水深200メートル以深にある海水で，太陽光が十分に差し込まないため水温が低く（10℃以下で低温），光合成が行われないため栄養塩類が多く（ミネラルも含み富栄養），餌（有機物）がほとんどないため生物が少ない（清浄）という性質があります。加えて，養殖では海洋深層水の持つ安定した水質が大きな効果をもたらします。

　海洋深層水のこれら四つの特長のすべて，あるいは一部を利用した養殖が日本，台湾，韓国，ハワイなどで進んでいます。

　サケ・マス，エゾアワビ，コンブなどの冷水性生物，マダラ，スケトウダラ，エゾバイ類などの深海生物では，養殖に冷海水が必要で，ヒラメやクルマエビなどの浅海生物も夏の高水温時には水温を下げる必要があり，表層海水の冷却では費用負担が大きくなるため，低温の海洋深層水の利用が効果的です。その際，ノロウイルスや劇症肝炎ウイルスなどを含まない清浄性の高い海洋深層水は最適で，また海洋深層水の清浄性は養殖生物の疾病を予防して生残率を高める効果もあります。エゾバイ類や北米東岸のメインロブスターのように数℃の低温が必要な生物では海洋深層水での養殖が最適です。ハワイで行われているエゾアワビの陸上養殖では，海洋深層水と表層水を混合してアワビの生育適温を作り出して大規模な養殖が行われています（**図44-1**）。沖縄久米島ではクルマエビの親エビを海洋深層水で継代飼育し，それから汚染されていないクルマエビ養殖種苗を生産して沖縄県内の養殖業者に提供しています。韓国では，国民魚のスケトウダラの天然資源が枯渇し，海洋深層水を利用して稚魚養殖に成功し，放流して栽培漁業で資源再生を進めて

図44-1　ハワイ島のコナで行われているエゾアワビの陸上養殖の様子（提供
　コーワプレミアムフーズハワイ社）
　　4万平方メートルの敷地に，アワビ養殖水槽（日除けのかかっているところ，
　上左），養殖水槽（上右）がある。下の写真は，エゾアワビ（下左），エゾア
　ワビの餌の紅藻（ダルス，下右）。日除けのない水槽でダルスを屋外養殖。
　飼育アワビの数は400万個で，年間養殖生産量は約100トン。

います。

　海洋深層水の清浄性の中で特に養殖に効果的なものは病原性
の細菌やウイルスがほとんど含まれていないことです。ストレ
スの加わりやすい大量飼育の疾病予防に効果があり，仮に傷を
受けた場合でも，表層水に比べて海洋深層水の方が生存期間が
長くなります。加えて，海洋深層水の配管にはムラサキイガイ
やフジツボなどの付着生物による汚染が全く見られないことで
す。飼育水槽の付着生物汚染は表層水に比べて格段に少なくな
ります。

　富栄養性は，プランクトンや海藻の養殖の際に与える栄養塩
類の量を少なくします。ローエルはカリブ海で海洋深層水を陸
上の浅いプールに汲み上げ，植物プランクトンを含む表層水を

少量加えて太陽光を当てて培養し，増えた植物プランクトンをアサリが入った浅い水槽に導いて養殖する事業モデルを1970年代に発表しています。ハワイのエゾアワビ養殖では，水深900メートルから汲み上げた海洋深層水と表層水を混ぜて温度調節し，アワビの養殖排水で紅藻類のダルスを屋外培養し，それを餌としてアワビを養殖しています。

　水質安定性は，季節や海況に伴う水温や塩分などの水質の変化への対応の必要性をなくし，養殖技術を容易にし，省力にもつながります。特に，魚介類の種苗生産や中間育成では，猛暑や給水異常による高水温や降水による塩分低下による生産の不安定性を改善します。

　ただ，海洋深層水も良い点ばかりではなく，問題もあります。たとえば，海洋深層水には溶存酸素量が若干少ないことがあり，酸素や空気の通気で酸素濃度を調整する必要があります。また，低温の海洋深層水の温度を上げると，含まれている窒素が気化して養殖生物に影響する場合があります。さらに，海洋深層水にわずかに含まれるケイ素によって珪藻類が繁殖して養殖青ノリなどの商品価値を下げる場合があります。加えて深層から取水するための設備費用がかかることですが，既存施設では他の利用者と取水費用を分担して解決しています。

　養殖ではありませんが，海洋深層水は漁獲した冷水性魚介類の蓄養でも威力を発揮しています。日本ではトヤマエビ，バイ，ズワイガニ，ベニズワイガニなど，韓国では，スケソウダラ，ズワイガニ，毛ガニ，タラバガニ，ホタテガイ，カキなど，ハワイではメインロブスターが海洋深層水中で蓄養されています。

column 4　魚粉・魚油の資源量と値上がり

　海産魚の養殖では，当初は養殖対象魚が海で実際に食べているイワシ・アジ・サバなどの海産魚をそのまま与えていました。しかし，生餌や冷凍餌は傷みやすく扱いに注意が必要で，かつ食べ残した餌は養殖環境を悪化させるなどの問題もあり，やがて餌の材料を混ぜ合わせて固めたペレット餌が使われるようになりました。その際には様々な課題がありました。

　最大の課題は，海産魚は海産魚が多く含んでいる特定の化学物質を餌として取り込むことが必要で，そのために餌には海産魚の魚粉・魚油が不可欠だったことです（**Q39**）。魚粉・魚油を作るには天然海産魚を利用するので，その資源量には限りがあり，現在のところ人の力では増やすことはできません。養殖が盛んになって，餌の需要が増えていくとその必要量も増え，その結果，餌としての海産魚の値段が 2015年には 2000 年の 4 倍にまで高騰し，高騰の傾向はその後も続いています。同時に品薄にもなり，このままでは魚粉・魚油の値段はさらに上がり続け，必要量の確保も難しくなります。

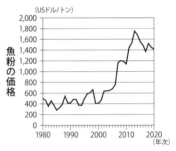

魚粉価格の推移（出典　「世界経済のネタ帳」より抽出）

　そこで，養殖魚の餌として，人の力で生産がコントロールできる大豆・トウモロコシ・ジャガイモなどの植物性タンパク質を利用する研究が進みました。今では，植物が多くは含まないタウリンなどの必須物質を見出してペレット餌に加えることで，魚粉・魚油の割合は餌の使用量の 10 〜20％程度にまで抑えられました。魚粉・魚油の割合をさらに少なくできるように日夜研究が進んでいますから，魚粉・魚油をまったく必要としない海産魚の餌の実現も遠くはなさそうです。

Section **6**

これからの
魚の利用
の方向

世界の魚の消費量は
増えていますか？
減っていますか？

　世界の魚の生産量を人口で割った一人当たりの魚の供給量を目安にして消費量を考えると，少なくとも 1960 年以降は年々着実に増え続け，この傾向は今後も変わりそうになく，世界の魚の消費量は増え続けるとみられています（**図 45-1**）。ただし，魚は丸ごと，貝類は殻を含んでいるので，食用になる部分だけを取りだした実際の消費量は，供給量のおよそ半分です。FAOの資料によると，世界の一人当たりの魚の供給量は 1961 年の年約 9 キロから 52 年後の 2013 年には 19.0 キロへと 2 倍以上に増え，その後も増え続けています。

　この点，1989 年をピークに個人の魚の供給量が年々減り続けている日本とは対照的です。日本は，1989 年には個人への魚の供給量は年間に 72.3 キロで世界一でした。しかし，24年後の 2013 年には，49.3 キロで第 3 位に後退しています。ちなみに 1 位は韓国で 52.8 キロ，2 位はノルウェーで 52.1キロです。日本に次ぐ 4 位は中国で 34.5 キロ，次いでインドネシア，EU，米国，ブラジル，インドと続きます。

　日本は，長い間 "魚食の民" の代表でした。現在でも日本の個人への魚の供給量は，世界的には高いレベルにありますが，年々下がっていますから予断を許しません。特に，最近では先進国を始めとして，多くの国々で魚の個人消費が伸び，日本を追い越す国が続いています。中でも，最近の中国の魚の供給量の伸びには眼を見張るものがあります（**図 45-1**）。

　世界的な個人の魚の利用の増加は，魚の必要量を年々押し上げ，その結果，世界の魚の生産量は増え続けています。特に養殖生産の増加が顕著です。この傾向は，今後も変わりそうにあ

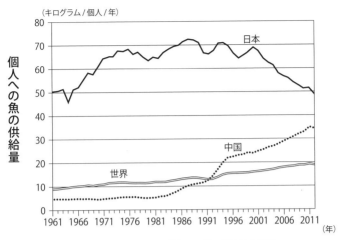

（キログラム／個人／年）

個人への魚の供給量

図 45-1　世界，日本，中国における個人への魚の供給量の推移

りません。ただ，ここで取り上げている数字は世界平均で，国によって魚の消費量は平均よりも多かったり，少なかったりと様々です。しかし，いずれにしてもこの世界全体としての魚の需要の増加をいかにして支えていくかが今後の大きな課題です。

養殖だけで需要に見合う量を確保するのは可能でしょうか？

Q45 で紹介したように，健康志向や生活水準の向上などで世界の魚需要は年々着実に増え，漁獲が頭打ちになった1990年以降の魚消費の増加を支えているのは養殖です。その結果，世界の養殖生産量は2014年に漁獲量を超え，以後も増え続けています。この増えていく世界の魚需要を支えていくためには養殖生産をさらに増やす必要があります。

世界の養殖生産量を増やすことは十分可能と思われますが，それには解決すべきいくつかの課題があります。その際の前提として，資源量が限界に達して漁獲の減ってきているのは海産魚なので，海産魚の養殖生産を増やすことが必須です。そのためには，**Q33** で紹介したようにポイントが四つあります。

まずは，①給餌用の魚粉・魚油を人工生産の可能な大豆・トウモロコシなどの植物性タンパク質に代えたり，できれば海産の植物プランクトン・動物プランクトン・小魚などを安価に生産する仕組みを工夫して利用する必要があります。加えて品種改良によって養殖魚自体の代謝機能を改善して魚粉・魚油以外の餌が利用できるようにするといった多面的取り組みも必要です。

次に，②現在，養殖が集中して行われている内湾は面積が狭く環境汚染が避けられないため，広大な面積で海水交換の盛んな外洋に面した海域での養殖技術を開発する必要があります。

加えて，③現在多く使われている資源量の限られている天然種苗の使用はやめ，経済的な完全養殖技術を確立して飼育に適し市場で評価される性質をもった人工品種「家魚」を創出し，その種苗を利用することです。

最後に，④養殖に対する社会の理解度を高める必要性を上げておきます。これまでは市場の費用対効果を考えた結果，養殖技術の開発が遅れ，安易な漁獲を続けて資源枯渇を加速した面がありました。多くの天然魚の資源の限界が見え始め，新しい養殖技術開発への取り組みが活発化していて，近い将来に養殖生産の高まることが期待されます。ノルウェーでは，人々が養殖サケへの理解を深め，行政が海外での認識高揚に力を貸し，速やかな養殖技術の開発や養殖魚の社会周知に貢献する好例を世界に示しました。

　以上で取り上げた養殖生産量を高めるための課題は，簡単ではありませんが，その気になって取り組めばどれも実現できる内容です。いずれもこれまでの海産養殖をかなり大元から変える内容で，速やかに進めるには行政の支援強化の必要性が感じられます。さらに日本は，天然物志向が強く，世界の傾向とはやや異なって依然として漁獲が 2/3 と優勢で，養殖は 1/3 程度なので，養殖に対する社会の関心を高める必要性があります。

　ここで注意しておきたいのは，市場への魚供給を漁獲をやめて養殖に切り替えてしまうことではないことです。同じ動物タンパク質源の肉類を考えてみると，最近，野生の鳥獣を狩猟で仕留めた狩猟肉のジビエへの関心が高まってきましたが，少なくとも日本では戦後から今日までほとんど人工飼育の畜産肉と家禽肉の利用が中心でした。その結果，畜産と家禽では肉類の種類が限られて多様性が著しく少なくなってしまったのです。

　一方，水産物は資源が少なくなったとは言っても，漁業がまだ健在です。漁業は多様な魚を供給してくれますから，産業と

しての漁業が健全なうちに資源量をしっかりと見定めて持続性を確保して続けるようにし，漁獲で不足する分を養殖で補って多様で豊かな魚食生活を支えることが重要です。

今後，有望な 未利用魚はいますか？

　未利用魚は大きく分けて二つの可能性が考えられています。一つは，これまで全く利用されていない魚で，未利用魚という言葉のイメージそのままです（**カラー口絵**参照）。もう一つは利用されているけれども利用程度の低いもので“低利用魚”，“マイナー魚”，“希少魚”などと呼ばれるものです。

　未利用魚として最も可能性が高いのは，これまで積極的な漁業活動の行われていない深海魚です。比較的に深海魚の利用の盛んな駿河湾などで，食用や養殖魚の餌となりそうな未利用魚の探索が進んでいます。駿河湾ではスジダラ，サガミソコダラ，シマイタチウオ，ハダカイワシ（センハダカ），アブラソコムツなどが良質の練り製品材料として優れていること，またハダカイワシはトラフグ・マダイ・カワハギ養殖で投餌に適していることが確認されています。三陸沖では深海性サメの一種のフジクジラなどが利用候補として検討されています。深海魚は，大量に利用するというよりも，味などの多様性を広げる効果が期待されます。しかし，まだ研究段階で，実際に事業化して利用するには，漁獲量とそれに見合った漁業許可と事業利用の仕組みを作る必要があります。静岡県焼津や高知県室戸では定置網にかかって捨てられていた深海性の甲殻類であるオオグソクムシが，最近，食用として利用され人気が出ています（**図47-1**）。

　インド洋，南太平洋，南大西洋，南極海などの他の海域に比べると漁業活動が活発でないところでは，未利用魚の出てくる可能性は残っています。

　低利用魚としては漁獲量がまとまらないために利用されない

図47-1　オオグソクムシとその食品利用を進めている高知県室戸市の漁師の松尾拓哉さん（提供　松尾拓哉氏）
オオグソクムシを手に持っている松尾拓哉さん（左）と素揚げしたオオグソクムシ（右）。

ケースです。特に，スーパーや魚の加工場では量がまとまらないと取引の対象にならないので，混獲などで少量しか漁獲されない，あるいはばらばらのサイズや小型の魚などは，商品価値が低かったりなかったりします。これらは利用の仕方を工夫して，それに見合った漁獲物の集め方や流通の工夫が必要です。さらに，特定地域でしか利用されていない魚も，広く周知することによって利用が広がる可能性を秘めています。また，東北・北海道東方海域のカタクチイワシやサンマなどは大量漁獲が可能ですが，これらの魚は魚価が安いために，現状の漁獲法では遠隔地では費用がかかりすぎて事業になりません。そこで漁獲方法とその後の高鮮度船上処理などを工夫すれば利用の可能性が出てきます。

日本における魚の輸入・輸出はどうなっていますか？

　漁獲や養殖に加え，魚を得る手段として国外からの輸入があります（**図48-1**）。日本における魚の輸入は，1976年には年間79万トンほどでしたが，年々増えて25年後の2001年には5倍近い382万トンに達しました。しかし，その後は国際的な魚の需要の高まりや国内消費の減少に伴って年々減少し，2017年には248万トンと最大時の2/3に減っています。この間の魚の輸入総額は1.3〜1.8兆円で，必ずしも魚の輸入総量とは直接の関係は見られません。

　2017年の魚類の輸入総額は1兆7,751億円で，国民一人当たりにすると1.5万円になります。輸入金額の多い品種はエビ類，サケ・マス類，マグロ・カジキ類，イカ類，カニ類，タラ

図48-1　日本の魚の輸入量と輸出量の推移（農林水産省統計情報部の資料を元に作図）

表48-1　2017年の日本の主な輸入魚種，輸入総額と主な輸入相手国（農林水産省統計情報部の資料を元に作成）

輸入品種	輸入総額 （億円）	輸入相手国
エビ類	2,955	ベトナム，インド，インドネシア
サケ・マス類	2,235	チリ，ノルウェー，ロシア
マグロ・カジキ類	2,033	台湾，中国，韓国
イカ類	776	中国，タイ，ベトナム
カニ類	699	ロシア，カナダ，米国
タラ類	593	米国，ニュージーランド，アルゼンチン

注）年間の魚介類輸入総額は1兆7,751億円

類の順で，これらで魚の輸入総額の52％を占めます（**表48-1**）。輸入相手国は様々ですが，エビ類はベトナム，インド，インドネシア，サケ・マス類はチリ，ノルウェー，ロシア，マグロ・カジキ類は台湾，中国，韓国が主です。輸入総額に占める割合は17.9％の中国が筆頭で，次いで米国（9.3％），チリ（8.9％），ロシア（7.0％），ベトナム（6.7％），タイ（5.2％），ノルウェー（5.9％），インドネシアと韓国（5.1％）と続きます。

　魚を輸入する背景には，漁獲や養殖による国内生産が十分でないといった理由があります。それに加えて日本では高度経済成長によって食生活が豊かになり，人々が国内ではあまり獲れないエビ・カニ・マグロなどの値段の高い魚を求め，さらに円高で外国産の魚が安く手に入るようになったことが挙げられます。そのうえ，200海里時代に入って遠洋漁業ができなくなった代わりに外国から買うようになり，さらに外国でエビ・マグロ・ウナギなどの養殖が盛んになったことなど，いくつかの理由が考えられます。もちろん，同じ種で国産に比べて外国産の

値段が安いといった状況も輸入が増えた原因です。

　日本では，魚は漁獲・養殖・輸入で調達されています。1960年からの30年弱で，日本国内の魚の供給量は2倍以上になりましたが，1989年以降は漁獲が減少し，それを補うように輸入が増えました。2014年でみると，漁獲が51.4％，養殖が13.6％，輸入が35.0％です。最近の全国のスーパーの魚売り場では，並んでいるサケ，サバ，エビ，カニ，タラ，タコ，マグロなどの大部分が輸入品で，国産を探すのが難しくなってきています。

　一方，日本からの魚の輸出は，1976年以降は年間20～96万トンで，1985年までは魚の量では輸出が輸入の半分以上を占めましたが，その後は輸入の伸びに対して輸出は増えなかったため，2000年には輸出は輸入の6％程度にまで低下しています（**図48-1**）。その後，輸入量は低下し輸出量が少し増えたため，2017年には輸出は輸入の24％程度にまで回復しています。2017年でみると，トン当たりの価格が輸入魚は71.6万円，輸出魚は46.2万円と，輸出に比べて輸入の魚の方が高額なことがうかがわれます。

　2017年の魚の輸出総額は2,749億円で，上位からホタテガイ（20.2％），真珠（13.2％），ナマコと調製品（8.4％），サバ類（8.0％），ブリ（5.6％），マグロ・カジキ類（4.0％）と続き，これら6品種で魚輸出総額の59.4％を占めます（**表48-2**）。

　2017年の魚の輸出相手国としては，金額の多い方から香港（30.9％），中国（13.6％），米国（12.6％），ベトナム（6.3％），タイ（6.1％），台湾（6.0％），韓国（5.9％）で，これら七つ

表 48-2　2017 年の日本の主な輸出魚種，輸出総額と主な輸出相手国（農林水産省統計情報部の資料を元に作成）

輸出品種	輸出総額 （億円）	輸出相手国
ホタテガイ	556	中国，米国，香港
真　珠	363	香港，米国
ナマコと調製品	230	香港
サバ類	220	ナイジェリア，エジプト，ガーナ
ブ　リ	154	米国
マグロ・カジキ類	110	タイ，ベトナム，香港

注）年間の魚輸出総額は 2,749 億円

の国と地域で輸出総額の 81.4％を占めています。

　世界の魚需要はアジアを中心として拡大していて，国は世界市場に向けて日本の高品質で安全な魚を輸出していくことに力を入れていて，当面，魚の輸出総額を年間 3,500 億円にすることが目指されています。

SDGs って何ですか？ 漁業ではどのように 関わっていますか？

　世界の人口が 77 億人を超えても年々増え続け，人間活動によって食糧を始めとした資源の確保，環境の変化や悪化で人や資源生物の生活が脅かされる可能性が明らかになり，2015 年 9 月に「人が生きられる環境を守る」ことを目指した SDGs（Sustainable Development Goals）が国連で満場一致で採択されました。"Development" は日本語で "開発" と訳されていますが，生まれた背景から "発展" と訳す方が適していると筆者は考えます。

　SDGs には 17 の対象項目（Goals）（**図 49-1**）と 169 の目標（Targets）が盛り込まれていて，そのすべてが人間活動に関係し，その中の 12 項目は社会環境，5 項目は「6　安全な水と

図 49-1　SDGs と 17 の対象項目
英語タイトル中の "O" は対象項目数にちなんだ 17 色の円環で，これが SDGs のピンバッジになっています。

トイレを世界中に」,「7　エネルギーをみんなにそしてクリーンに」,「13　気候変動に具体的な対策を」,「14　海の豊かさを守ろう」,「15　陸の豊かさも守ろう」といった自然環境です。対象項目はすべてが互いに複雑に関係していて単独での解決は難しいのですが,まずはそれぞれの項目の現状を把握し,それをもとにして"持続性ある地球"に向けた対応が考えられています。当面は2030年を目標に,それぞれの国が取り組みます。それには行政はもちろんですが,個人に加えて多くの世界企業の参加が注目されています。企業はこれまで営利追求が中心でしたが,社会貢献を前面に出すことによってより高い営利効果の得られることに目覚め,活動目標の方向転換が始まりました。

　漁業に関係する項目14の原文は"Life Below Water"で,直訳すると"水中の生命"ですから,日本語訳の"海の豊かさを守ろう"という漠然としたニュアンスとは違います（**図49-2**）。項目14の目標は,次のとおりです。

1　海洋汚染の防止と削減
2　持続性管理による海洋生態系の回復
3　海洋酸性化の影響の最小化
4　科学的管理計画による過剰漁業や破壊的漁業の廃止
5　海洋面積の10％保護区域化

図49-2　SDGsの17の対象項目中の項目14と項目15（上は英語,下は日本語訳）

6　過剰漁獲につながる補助金の廃止

7　漁業・水産養殖・観光の持続可能な管理の推進

8　海洋の健全性と生物多様性向上のための発展途上国への技術支援

9　小規模・零細漁業者への支援

10　国連海洋法条約による海洋と海洋資源の保全と持続的利用強化

これらは広い意味での海の生物資源に対する人間活動の影響で，すべてが漁業活動と深くかかわっています。

世界では30億人以上が沿岸を含めた海洋の生物を利用して生活し，同時に主要なタンパク質を海洋から得ています。海洋漁業に直接・間接に関係する人は世界中で2億人以上と言われます。海洋保護区を設けると，漁獲量と収入が増え，新しい雇用が生まれ，医療事業とともに健康が改善され，さらに女性の雇用も促進され，貧困の削減効果が期待されます。沿岸を含めた海洋の資源を利用した世界の産業規模は年間3兆ドルで，これは世界のGDPの約5％と推定されます。さらに海洋は人間活動で発生している二酸化炭素の約30％を吸収し，地球温暖化の影響を緩和する働きもあります。一方，世界の海のごみの増加は大きな経済的影響を及ぼしています。

目標には「〜半減させる」といった具体的なものから，「〜十分な保護を達成する」といった漠然としたものもありますが，評価指標で内容が具体的に示されていて評価しやすくなっています。ただ，評価指標の多くは対象とした目標を象徴する内容で，必ずしも目標全体を対象としたものではありません。つま

り，象徴的な目標に取り組むことで，全体への波及効果が狙われています。10の目標の中で，2020年までの達成を目指すものは4，2025年と2030年までが各1，残り4は目標達成年度が示されていません。

各国は，SDGsの17項目の各目標を，評価指標に従って定期的にモニタリングして自己評価し，毎年7月の国連ハイレベル政策フォーラムで報告します。2019年度現在の項目14の世界全体の傾向は，海洋の自然環境の維持・好適化と良好な漁業活動として，海洋の保全海域面積の拡大を始め，海洋酸性化や沿岸の富栄養化の深刻化を防ぐための各種の政策が，いずれも努力はされているが十分とは言えないと判断されています。日本の自己評価は海に面した126か国中69位で，周辺の海の状態は横ばいと判断されています。

SDGsの項目14の評価を高めるには，漁業と流通に関係する組織に **Q10** で紹介したエコラベル認証を受けてもらい，さらに **Q9** で紹介した漁業資源量の厳密な推定を進め，魚種ごとの漁獲制限を決め，それを徹底させることが考えられます。それには漁業関係者と消費者の意識改革が必要です。さらにSDGsは素晴らしい取り組みですが，最も本質的な人口問題の欠落している点が最大の弱点です。

どうすれば，また，どんな社会になれば将来も魚を食べられますか？

　世界的に個人の魚消費量が年々伸びて魚の評価が高まり，動物タンパク質食品としての魚の重要性が増していることは，魚食が人間生活により深く浸透することを意味しています。そうした世界の魚需要は，天然魚を対象とした漁獲と養殖生産の両者が支えていますが，漁獲は頭打ちのため，養殖生産が年々増えてその重要性が増しています。天然魚資源の維持には，漁獲圧による魚資源の減少や枯渇への対策が必要で，それには漁獲可能量（TAC）の制限などの漁業者に対する漁獲の入口規制と，エコラベルや国連の SDGs 活動など消費者の購買活動を利用した出口規制が取り入れられて，多面的な取り組みによる魚資源を守りながらの利用の充実化が進んでいます。ただ，将来の漁獲で一つ気になるのは，捕鯨で見られたような，利用禁止の動きが哺乳動物の鯨だけでなく，マグロなどの一部の大型魚に及ぶ心配です。

　天然魚の不足に対しては，人の力で海の自然の生産性を高めて，天然魚の生産を増やすチャレンジも進められていて，今後の展開が期待されます。この取り組みは，水産庁を中心として日本が一番進んでいます。

　天然魚だけでは，もはや，世界の魚需要は支えきれなくなっていて，不足分は養殖生産に負っています。その結果，2014年には養殖生産量が漁獲量を上回り，すでに世界の魚の需要は量的には漁獲から養殖に移っています。今後も養殖生産を高めていく必要がありますが，それには Q40 と Q46 で紹介したようにいくつかの課題の克服が必要です。それらの多くはすでに世界的に技術開発の取り組みが進んでいて，遠からず解決され

ると期待されます。

　最終的には，世界の魚の需要は，養殖を"主"とし，漁獲が"従"で供給する形になります。ただ，養殖の生産量は多くはなりますが，扱う種数が大幅に限られるため多様性は大きくありません。一方，漁獲は，生産量は必ずしも多くありませんが，扱う種数は圧倒的に多く，多様性の大きいのが特徴です。イワシ類，ニシン，サンマ，サバ，アジなどの主にプランクトンを食べる小型多種魚は，天然魚の漁獲が多く，価格も安いため，養殖生産の事業化は難しく，当面は天然魚の利用が続くことは間違いありません。これからの世界の魚の供給では，完全に養殖に移行してしまうのではなく，漁獲と養殖の両者を健全に維持し，前者で多様性を，後者で量を支えていくことが重要です。

　以上のように，世界では個人の魚の利用量の年々の高まりを受けて，将来に明るい魚利用の未来が想定されます。ただ，日本はQ45で紹介したように，世界の傾向とは反対に2000年以降に個人の魚消費量が年々低下しているのが気になります。それを反映してかこのところ漁業も養殖業もともに元気がありません。漁業や養殖の道に進む若者が減り，漁業従事者の高齢化が進んでいます。ほとんどの大学や専門高校から，"水産"や"漁業"という看板が消えてしまいました。

　こうした社会的に水産活動が沈滞した感のある日本の現状ですが，まだ，随所に元気な部分がみられるのでそれらが核になって国民の魚への関心の高まりが期待されます。例えば，和食の料亭，回転すし，レストラン，居酒屋などでは新鮮な漁獲や養殖生産物を利用しているので，産地直送などの流通の仕組

これからの魚の利用の方向

6

みがさらに強固になることが期待できます。実際に，ある回転すしでは，魚の仕入れの専門家が全国の定置網や漁協に足を運んで，直接に鮮魚を仕入れ，同時に新しい寿司ネタの開発も行っています。ごく一部ですが，給食に魚料理を出すチャレンジも試みられていて，全国的に広がる可能性もあります。漁業の盛んな地域では道の駅などで地元産の新鮮な魚が販売されていて，そうしたところを拠点にした産地から一般家庭に魚が届く流通の仕組みが生まれるかもしれません。

　また，2002年のマグロの完全養殖とその後の事業化の実現は大きな勇気と希望を与えてくれ，国民の魚利用量の増加につながる可能性があります。天然マグロの資源量が心配になっている折から，完全養殖マグロは天然資源を維持しながら大量のマグロ需要に応える切り札で，その実現が今や指呼の距離に近づいた感じです（**図50-1・カラー口絵**参照）。ノルウェーが最初にサケで実現した，完全養殖生産が天然の4倍にまで達しているのは素晴らしい先例です。加えて，2010年に完全養殖が成功し，経済的な養殖技術の確立に取り組んでいるウナギも大いに期待できます。

　「魚食の民」を自認していた私たち日本人が，自覚を取り戻して個人の魚の利用量を高めることが「将来も安心して魚を食べ続ける」ために必要です。同時に，日本には，魚の種や特徴や味や，魚のさばき方や調理方法などの長年の蓄積がありますから，それらが失われないうちに魅力とともに生きた形で伝えていくことも重要です。

図 50-1　遊泳する完全養殖のクロマグロ（提供　近畿大学水産研究所）
　　クロマグロ完全養殖（通称"近大マグロ"）を世界最初に実現した
　　近畿大学水産研究所の生簀内の写真。

あとがき

　日本人は長年「魚食の民」として世界に認められ，私たち自身もそれを自負してきました。しかし，この30年ほど，国民一人当たりの魚消費量は年々減り続け，2005年までは断トツ世界一だった個人の魚消費量が，今では3位にまで後退してしまいました。この，国民の魚離れによる魚の需要の減少は，当然ですが漁業と養殖に大きく影響しています。その証拠の一つとしてスーパーの現状があげられます。スーパーの魚コーナーに並んでいる魚は，サケ，サバ，マグロ，タコ，エビ，シシャモ，カレイ，アジなどの多くが輸入品で占められ，国産はごく一部で中には完全に姿を消してしまっている場合もあります。このまま何もしないでいると，スーパーの魚コーナーは輸入物がほとんどとなり，規模の縮小も予想されます。そうなってからでは手遅れで，私たちの多くが望むところではありません。

　そこで，一人でも多くの皆さんに，こうした現状を知ってもらいたいと願ってこの本を書きました。そして，消費者として日本の漁業と養殖業が元気になるように，日本の漁業と養殖が息絶えてしまわない今のうちに，ぜひとも行動を起こしていただきたいのです。例えば，国産と輸入のサケやマグロが並んでいたら，国産を買うように心がけて欲しいのです。一人ひとりの努力は小さくても，数がまとまれば効果は絶大です。

　そして，漁獲と養殖がともに元気でバランスのとれた「漁業

資源」の利用の道筋がつけられればと願っています。それには，特に養殖では重要種の完全養殖技術を確立し，潮通しの良い沖合での養殖技術を広め，安全・安心な魚の養殖生産を大きく拡大していく必要があります。

　本書の執筆依頼は 2019 年春にいただきましたが，TAC，水産エコラベル，SDGs など，筆者が十分には理解できていない事項があり，それらの勉強の必要性があって，執筆にとりかかるまでに 1 年を経過してしまいました。その間，忍耐強く待っていただいた成山堂書店の小川典子社長と小野哲史氏に大変お世話になりました。心から厚くお礼を申し上げます。また，各項目には，関係した図表か写真を入れるようにし，そのために国内外の多くの方々に転載を許可していただきました。皆さんのご協力に深く感謝申し上げます。

　本書によって，一人でも多くの方が「魚好き」になり，「魚」について理解を深めていただければ幸いです。

　2020年10月　つくば市の自宅で

髙橋　正征

参 考 文 献

・髙橋正征：22世紀の水産業6　植物プランクトンにとっての海の栄養環境,「ア
　クアネット」1巻12号，湊文社（1998）
・髙橋正征：22世紀の水産業8　湧昇生態系の生物,「アクアネット」2巻2号，
　湊文社（1999）
・髙橋正征：22世紀の水産業9　湧昇域にはなぜ魚が多いのか？,「アクアネット」
　2巻3号，湊文社（1999）
・髙橋正征：22世紀の水産業12　海の一次生産の概念の混乱,「アクアネット」
　2巻6号，湊文社（1999）
・髙橋正征：22世紀の水産業13　海ではなぜ肥料が不足するのか？,「アクアネッ
　ト」2巻7号，湊文社（1999）
・髙橋正征：22世紀の水産業15　乏しい海のみどり,「アクアネット」2巻9号，
　湊文社（1999）
・髙橋正征：22世紀の水産業18　「食う―食われる」海の世界,「アクアネット」
　2巻12号，湊文社（1999）
・髙橋正征：22世紀の水産業31　人工漁礁の正体は？,「アクアネット」4巻
　1号，湊文社（2001）
・髙橋正征：22世紀の水産業34　浮漁礁による漁業,「アクアネット」
　4巻4号，湊文社（2001）
・髙橋正征：22世紀の水産業63　磯焼け,「アクアネット」6巻9号，湊文社
　（2003）
・髙橋正征：22世紀の水産業76　漁業権の功罪,「アクアネット」7巻10号，
　湊文社（2004）
・髙橋正征：22世紀の水産業90　漁法の進化,「アクアネット」8巻12号，湊
　文社（2005）
・髙橋正征：22世紀の水産業103　世界の漁業の運命,「アクアネット」10巻1
　号，湊文社（2007）
・髙橋正征：22世紀の水産業108　越前ガニと松葉ガニに見る持続型漁業.「ア
　クアネット」10巻6号，湊文社（2007）
・髙橋正征：22世紀の水産業121　魚の給餌養殖による環境負荷とその解決の
　方向（1）,「アクアネット」11巻7号，湊文社（2008）
・髙橋正征：22世紀の水産業125　注目される沖合養殖,「アクアネット」11
　巻11号，湊文社（2008）
・髙橋正征：22世紀の水産業126　コナ・ブルー社の挑戦〜魚類養殖の目指す
　方向〜,「アクアネット」11巻12号，湊文社（2008）
・髙橋正征：22世紀の水産業128　エビの陸上養殖に乗り出した建設業者,「ア

クアネット」12 巻 2 号，湊文社（2009）

・髙橋正征：22 世紀の水産業 193　日本近海の温暖化と水産資源,「アクアネット」
17 巻 7 号，湊文社（2014）

・髙橋正征：22 世紀の水産業 194　海での植林に思う,「アクアネット」17 巻 8
号，湊文社（2014）

・髙橋正征：22 世紀の水産業 197　世界の漁業の運命（2）,「アクアネット」17
巻 11 号，湊文社（2014）

・髙橋正征：22 世紀の水産業 202　世界の魚介類の生産,「アクアネット」18
巻 4 号，湊文社（2015）

・髙橋正征：22 世紀の水産業 203　日本の水産物の生産,「アクアネット」18
巻 5 号，湊文社（2015）

・髙橋正征：22 世紀の水産業 204　世界の海の漁獲,「アクアネット」18 巻 6 号,
湊文社（2015）

・髙橋正征：22 世紀の水産業 214　養殖魚の餌（天然海産の小魚）,「アクアネッ
ト」19 巻 4 号，湊文社（2016）

・髙橋正征：22 世紀の水産業 215　養殖魚の餌（魚粉を減らすには）,「アクアネッ
ト」19 巻 5 号，湊文社（2016）

・髙橋正征：22 世紀の水産業 216　養殖魚の餌（植物性の餌の課題）,「アクア
ネット」19 巻 6 号，湊文社（2016）

・髙橋正征：22 世紀の水産業 219　天然魚と養殖魚の味,「アクアネット」19
巻 9 号，湊文社（2016）

・髙橋正征：22 世紀の水産業 226　人工種苗に求められる性質,「アクアネット」
20 巻 4 号，湊文社（2017）

・髙橋正征：22 世紀の水産業 228　実用人工種苗に求められる性質,「アクアネッ
ト」20 巻 6 号，湊文社（2017）

・髙橋正征：22 世紀の水産業 229　「家魚」,「アクアネット」20 巻 7 号，湊文
社（2017）

・髙橋正征：22 世紀の水産業 230　「家魚」に求められる性質,「アクアネット」
20 巻 8 号，湊文社（2017）

・髙橋正征：22 世紀の水産業 231　選抜と突然変異で「家魚」をつくる,「アク
アネット」20 巻 9 号，湊文社（2017）

・髙橋正征：22 世紀の水産業 232　遺伝子操作など最新技術による「家魚」づ
くり,「アクアネット」20 巻 10 号，湊文社（2017）

・髙橋正征：22 世紀の水産業 235　韓国でのスケトウダラの完全養殖技術の開発,
「アクアネット」21 巻 1 号，湊文社（2018）

・髙橋正征：22 世紀の水産業 237　世界全体で見た魚介類の一人当たり供給量,
「アクアネット」21 巻 3 号，湊文社（2018）

- 髙橋正征：22 世紀の水産業 241　多様な魚介類が楽しめる漁獲漁業，「アクアネット」21 巻 7 号，湊文社（2018）
- 髙橋正征：22 世紀の水産業 244　栽培漁業の始まりと拡がり，「アクアネット」21 巻 10 号，湊文社（2018）
- 髙橋正征：22 世紀の水産業 246　サケと人工ふ化，「アクアネット」21 巻 12 号，湊文社（2018）
- 髙橋正征：22 世紀の水産業 247　サケのふ化・放流の効果は？，「アクアネット」22 巻 1 号，湊文社（2019）
- 髙橋正征：22 世紀の水産業 250　栽培漁業の課題，環境収容力，「アクアネット」22 巻 4 号，湊文社（2019）
- 髙橋正征：22 世紀の水産業 251　栽培漁業の課題，遺伝子の多様性，「アクアネット」22 巻 5 号，湊文社（2019）
- 髙橋正征：22 世紀の水産業 254　室戸で地元の水族館を夢見る若手漁師，「アクアネット」22 巻 8 号，湊文社（2019）
- 髙橋正征：22 世紀の水産業 255　天然魚の安全性を考える，「アクアネット」22 巻 9 号，湊文社（2019）
- 髙橋正征：22 世紀の水産業 256　海のプラスチック汚染と天然魚の安全性，「アクアネット」22 巻 10 号，湊文社（2019）
- 髙橋正征：22 世紀の水産業 257　養殖魚の安全性を考える，「アクアネット」22 巻 11 号，湊文社（2019）
- 髙橋正征：22 世紀の水産業 259　完全養殖のメリットとデメリット，「アクアネット」23 巻 1 号，湊文社（2020）
- 髙橋正征：22 世紀の水産業 261　SDGs の日本語訳に思う，「アクアネット」23 巻 3 号，湊文社（2020）
- 髙橋正征：22 世紀の水産業 263　漁獲規制による水産資源の管理，「アクアネット」23 巻 5 号:，湊文社（2020）
- 髙橋正征：22 世紀の水産業 265　これからの養殖の方向，「アクアネット」23 巻 7 号，湊文社（2020）
- 髙橋正征：私たちはいつまで魚が食べられるか？，「Ocean Newsletter」No. 353，海洋政策研究所（2015）
- 髙橋正征：海洋深層水による植物プランクトン・二枚貝・海藻などの多段生産，「月刊 海洋」号外 22，海洋出版（2000）
- 髙橋正征：海洋深層水による植物プランクトン・二枚貝・海藻などの多段生産 ～ローウエルらの実験～，「月刊海洋」号外 22，海洋出版（2000）
- 髙橋正征：水産を取り巻く現状と課題（2），SDGs（エス・ディー・ジーズ）と漁業，「海洋と生物」42 巻 2 号，生物研究社（2020）
- アーサー・C・クラーク（髙橋泰邦訳）：「海底牧場」，早川書房（1977）

- R.H. ホイッタカー（宝月欣二訳）:「ホイッタカー生態学概説―生物群集と生態系―」，培風館（1979）
- 阿部宗明・本間昭郎（監）:「現代おさかな事典〜漁場から食卓まで」，エヌ・ティー・エス（1997）
- 石原広志:水産物の認証制度とその政治性,「水産振興」52 巻 7 号，東京水産振興会（2018）
- 石原広志・アビゲイル ブランドン（山脇亜弥）:水産をとりまく現状と課題（1），エコラベル・認証制度で「海の豊かさ」は実現できるのか？,「海洋と生物」42 巻 1 号，生物研究社（2020）
- 井関和夫:海洋深層水による洋上肥沃化―持続生産・環境保全型の海洋牧場構想―,「月刊 海洋」号外 22，海洋出版（2000）
- 出村雅晴:魚類養殖における環境問題と対応の現状,「養殖と情報」11 月号，農林中金総合研究所（2005）
- 伊藤慶明・高橋正征・深見公雄（編）:「海洋深層水の多面的利用〜養殖・環境修復・食品利用」，厚生社厚生閣（2006）
- 稲熊敏和:水産資源管理をめぐる課題〜TAC 制度の問題と IQ 方式等の検討〜,「立法と調査」No.312，参議院（2001）
（http://www.sangiin.go.jp/japanese/annai/chousa/nippon.chousa/backnumber/2011pdf/20110114101.pdf）
- ウナギ総合プロジェクトチーム，（独立行政法人）水産総合研究センター:日本ウナギの資源状態について，水産庁（2016）
（https://www.jfa.maff.go.jp/j/saibai/pdf/meguru.pdf）
- FAO:「世界漁業・養殖業白書 2006 年（日本語要約版）」，国際農林業協働協会（2006）
- 大内一之（木下健監修）:相模湾での「拓海」プロジェクト,「海洋再生エネルギーの市場展望と開発動向」，サイエンス＆テクノロジー（2011）
- 大島一二:中国における水産業の発展と課題,「桃山学院大学総合研究所紀要」42 巻 1 号，桃山学院大学（2016）
- 海部健三ら:日本におけるニホンウナギの保全と持続的利用に向けた取り組みの現状と今後の課題,「日本生態学会誌」68 巻，日本生態学会（2018）
- 片野 歩:日本の未来に魚はあるか？〜持続可能な水産資源管理に向けて〜，第 4 回サバをめぐる光と影，ノルウェーと日本のサバはなぜこんなにも違うのか？，人間・環境フォーラム（2017）
（http://www.gef.or.jp/globalnet201703/blobalnet201703-6/）
- 勝川俊晴:水産資源管理が左右する日本漁業の未来，nippon.com（2019）
（http://www.nippon.com/ja/currents/d00455/）
- 金子貴臣:ノルウェーにおける最先端養殖技術―現在と将来―,「水産振興」

54 巻 1 号, 東京水産振興会 (2020)

・川崎 健：レジーム・シフト論,「地学雑誌」119 巻, 東京地学協会 (2010).

・河村功一：交雑がもたらす遺伝子汚染の実態〜雑種に隠された危険性,「遺伝」
　69 巻 2 号, エヌ・ティー・エス (2015)
　(http://www.bio.mie-u.ac.jp/~kawa-k/2015iden.pdf)

・木谷浩三・長田 宏：人工湧昇システム〜洋上設置型深層水利用装置〜.「月
　刊 海洋」21 巻 10 号, 海洋出版 (1989)

・国際水産物流通促進センター,（公社）日本水産資源保護協会：「アニサキス食
　中毒の予防対策」

・サイエンティフィック・アメリカン（編）(須之部淑男・赤木昭夫・大場英樹訳)：
　「生態系としての地球−バイオスフィアー」, 共立出版 (1975).

・阪上雄康・浅山英章・北澤壮介：関西国際空港における藻場造成,「海洋開発
　論文集」19 巻, 土木学会 (2003)

・水産庁：世界の漁業・養殖業生産
　(https://www.jfa.maff.go.jp/j/kikaku/wpaper/h29_h/trend/1/t1_2_3_1.
　html)

・水産庁：平成 25 年度水産白書
　(https://www.jfa.maff.go.jp/j/kikaku/wpaper/h25/index.html)

・水産庁：日本の漁
　(http://www.nrifs.fra.affrc.go.jp/news22/2204-1.html)

・杉山秀樹：秋田県はたはた漁獲量は, なぜ回復したか,「Ship & Ocean Newsletter」
　No.247, シップ・アンド・オーシャン財団 (2010)

・鈴木達雄：築堤式構造物による海域肥沃化構想.「月刊 海洋」32 巻 7 号, 海洋
　出版 (2000)

・(一社)大日本水産会（編）：「水産エコラベル　ガイドブック」, 成山堂書店 (2020)

・高柳和史：地球温暖化の漁業および海洋生物への影響,「地球環境」14, 日本
　興業新聞社 (2009)

・高山 誠・平松庸一・内田 亨：新潟県における養殖事業の可能性〜妙高ゆき
　エビおよび村上鮭の事例を通して〜.「新潟国際情報大学文化学部研究紀要」
　1 号, 新潟国際情報大学 (2015)

・田中秀樹：ウナギ完全養殖への道,「第 8 回成果発表会プログラム 世界初！！
　ウ ナ ギ 完 全 養 殖 達 成」, 水 産 教 育・研 究 機 構 (www.fra.affrc.go.jp/
　kseika/220529/program2.pdf)

・寺本義也・内田 亨：ノルウェーの水産業とそれを支援する機関,「新潟国際
　情報大学情報文化学部紀要」2 号, 新潟国際情報大学 (2016)

・農林水産省：世界の水産物消費 (https://www.jfa.maff.go.jp/j/kikaku/wpaper/
　h29_h/trend/1/t1_2_3_2.html)

- 落合芳博：深海魚類資源の網羅的開拓（http://www.canon-foundation.jp/common/pdf/aid_awardees/3/17_ochiai_cfk1.pdf）
- 農林水産省統計局情報部：「水産統計（水産物貿易の動向）」（https://www.jfa.maff.go.jp/j/kikaku/wpaper/h29_h/trend/1/t1_2_4_4.html）
- はねうお食品株式会社：未利用水産資源を利用する新漁業システムモデルと新型漁船（工船）の開発（http://www.systemkyokai.or.jp/bunsho/jigyokatudo/koubo/18nendo/haneuo.pdf）
- 林　宏樹：「近大マグロの奇跡―完全養殖成功への32年」，新潮社（2008）
- 藤田大介・高橋正征（編著）：「海洋深層水利用学〜基礎から応用・実践まで〜」（第3章　海洋深層水による海洋生物の増養殖），成山堂書店（2006）
- 藤田祐樹：世界最古の釣り針が語る沖縄旧石器人の暮らし，「Ocean Newsletter」No.400，海洋政策研究所（2017）
- 古谷　研：「地球環境における海の役割―海の砂漠化と海洋生態系の未来―」，平和政策研究所（2018）（https://ippjapan.org/archives/1254）
- ポール・グリーンバーグ（夏野徹也訳）：「鮭鱸鱈鮪〜食べる魚の未来」，地人書館（2013）
- 松永勝彦：「ブルーバックス 森が消えれば海も死ぬ〜陸と海を結ぶ生態学〜」，講談社（1993）
- 水口　亨：タラ類の資源管理と有効利用，「日本食生活学会誌」27巻，日本食生活学会（2016）.
- 三重県農林水産部：アマモ場再生ガイドブック（2008）（www.jfa.maff.go.jp/j/study/.../7-moba-siryo3_3.pdf）
- 八木信行：持続可能な漁業認証制度のあり方，「アクアネット」21巻2号，湊文社（2018）
- 谷津明彦：レジームシフトとは何か？，「西海」5巻，西海区水産研究所（2009）（http://www.snf.fra.affrc.go.jp/print/seikai/seikai_5/seikai_5.p3.pdf）
- 柳　哲雄：宇和海における衝立式構造物による海域肥沃化効果.「月刊 海洋」32巻7号，海洋出版（2000）
- 横浜康継：「海の森の物語」，新潮社（2001）
- 渡辺　貢・谷口道子・池田知司・小松雅之・高月邦夫・金巻精一：海洋深層水による沿岸海域の肥沃化，「月刊海洋」/号外22，海洋出版（2000）
- 全漁連編集部，未利用魚の活用で漁家の収入を増やせ！，「漁協（くみあい）」135号，全国漁業協同組合連合会（2010）（http://www.zengyoren.or.jp/pdf/archives/kumiai/kumiai_135.pdf）

・（一社）全日本持続的養鰻機構：持続的資源管理に向けて
　（http://www.unagikiko.jp/pdf/panf002.pdf）

・FAO：The state of world fisheries and aquaculture（2014）
・FAO：The state of world fisheries and aquaculture（2016）
・FAO：Capture production 1950-2013. FishStatJ-software for fishery statistical
　time series.
　（http://www.fao.org/fishery/statistics/software/fishstatj/en）
・FAO：The state of world fisheries and aquaculture, Opportunities and
　challenges（2014）
・ICCAT：Report for biennial period, 2016-17, Part I, Vol.2, English version,
　SCRS, Madrid, Spain（2017）
　（https://www.iccat.int/Documents/BienRep/REP_EN_16-17_I-2.pdf）
・Kawasaki, T.：Why do some pelagic fishes have wide fluctuations in their
　numbers? FAO Fisheries Report, 291（1983）.
・Lalli, C. M. and T. R. Parsons:Biological oceanography, An introduction. 2nd ed.
　Butterworth-Heinemann, Oxford.（1997）.
・Ogawa, H. and E. Tanoue. Dissolved organic matter in oceanic waters. J.
　Oceanogr. 59（2003）.
・Polovina, J., E. Howell and M. Abecassis.：Ocean's least productive waters are
　expanding. Geophys. Res. Letters 35(3),（2008）
・Ryther, J. H.：Photosynthesis and fish production in the sea. The production of
　organic matter and its conversion to higher forms of life vary throughout
　the world ocean. Science 166（1969）
・Sverdrup, H. U., M. W. Johnson and R. H. Fleming. The oceans, their physics,
　chemistry and general biology. Prentice-Hall, N. J.（1942）.
・Takahashi, P.K. Project blue revolution. J. Energy Engineer. 122（1996）
・Worm, B., .B. Barbier, N. Beaumont, J. E. Duffy, C. Folke, B. S. Halpern, J. B.
　C.Jackson, H.K.Lotze, F.Micheli, S.R.Palumbi, E.Sala, K. A.Selkoe, J. J.
　Stachowicz and R. Watson：Impact of biodiversity loss on ocean ecosystem
　services. Nature 314（2006）

索 引

著者略歴

高橋　正征（たかはし　まさゆき）

（公社）日本水産資源保護協会会長，（公財）日本科学協会会長，東京大学・高知大学名誉教授。専門は，生物海洋学，生態学，地球環境科学，海洋深層水利用学。大学・大学院では植物学を専攻し，博士論文では豊富な現場観察実験データを駆使して湖沼での光合成硫黄細菌の出現機構を数理解析した。学位取得直後に渡加し，海洋を含めた水域での生態系動態研究チームに属して研究を進めた。以来，植物プランクトンを中心に，生態系を視野に入れた研究活動を実施。1992年に第1回生態学琵琶湖賞と日本海洋学会賞を受賞。長年の研究を踏まえて，海洋深層水の資源性を見出し，その社会周知のために1991年に「海にねむる資源が地球を救う～海洋深層水」を出版（後に，新書版化され，英語と韓国語にも翻訳された）。同じ頃，漁業に関する論考の発表を開始し，1998年創刊の月刊誌「アクアネット」に「22世紀の水産業」の連載を始め現在に至っている。

＜略　歴＞
1970年　東京教育大学理学研究科博士課程修了。理学博士。
1970年　カナダ国政府招聘特別研究員。
1972年　カナダ，ブリティッシュ・コロンビア大学海洋研究所主任研究員。
1977年　筑波大学生物科学系助教授。
1985年　東京大学理学部助教授。
1995年　東京大学大学院総合文化研究科教授。
2004年　高知大学大学院黒潮圏海洋科学研究科教授。
2008年　高知大学定年退職。
2009～11年　台湾国立台東大学特約講座教授。
2011～12年　台湾国立中山大学海洋科学研究中心客員教授。

みんなが知りたいシリーズ⑮
魚の疑問 50

定価はカバーに表示してあります。

2020 年 11 月 28 日　初版発行

著　者　　髙橋　　正征

発行者　　小川　　典子

印　刷　　三和印刷株式会社

製　本　　東京美術紙工協業組合

発行所　㍿ 成山堂書店

〒160-0012 東京都新宿区南元町 4 番 51 成山堂ビル

TEL：03（3357）5861　　FAX：03（3357）5867

URL　http://www.seizando.co.jp

落丁・乱丁本はお取り換えいたしますので，小社営業チーム宛にお送りください。

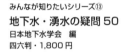